U0195030

BIM经典译丛

建筑业主和开发商的BIM应用

BIM 经典译丛

建筑业主和开发商的 BIM 应用

[美]K·普拉莫德·雷迪 著
李 智 王 静 译

中国建筑工业出版社

著作权合同登记图字：01－2014－0164 号

图书在版编目（CIP）数据

建筑业主和开发商的 BIM 应用 /（美）K·普拉莫德·雷迪著；李智，王静译．北京：中国建筑工业出版社，2016.12
（BIM 经典译丛）
ISBN 978-7-112-20144-0

Ⅰ. ①建… Ⅱ. ① K…②李…③王… Ⅲ. ①建筑设计－计算机辅助设计－应用软件 Ⅳ. ① TU201.4

中国版本图书馆 CIP 数据核字（2016）第 296095 号

BIM for Building Owners and Developers: Making a Business Case for Using BIM on Projects / K. Pramod Reddy, ISBN 978-0470905982

丛书策划
修　龙　毛志兵　张志宏
咸大庆　董苏华　何玮珂

责任编辑：何玮珂　董苏华
责任校对：王宇枢　张　颖

BIM 经典译丛
建筑业主和开发商的 BIM 应用
[美] K·普拉莫德·雷迪　著
李　智　王　静　译
*
中国建筑工业出版社出版、发行（北京海淀三里河路9号）
各地新华书店、建筑书店经销
北京嘉泰利德公司制版
北京圣夫亚美印刷有限公司印刷
*
开本：787×1092毫米　1/16　印张：10½　字数：228千字
2017年1月第一版　2017年1月第一次印刷
定价：**48.00**元
ISBN 978-7-112-20144-0
（29476）

目 录

序

在过去的 30 年中，制造、分销、金融行业已经实现自动化，提升了全球的生产力水平，并从中取得了巨大的经济效益。而建筑、工程和施工行业（AEC）是一个例外，至今尚未实现自动化。这或许是因为 AEC 行业长期以来分包商众多,但每个分包商都单打独斗，缺乏整体协作；也或许是因为 AEC 行业反应迟钝一时半会儿还无法接纳采用整合数据管理带来的好处。然而，在过去 5 年里，随着 BIM 技术不断发展，AEC 行业坚定地迈入了变革之中。

这场变革的获胜者必然是能够使用 BIM 技术在咨询、设计、实施和运营过程中收集、加工和利用信息的公司。此外，这些新技术从项目开始到投入运营都一直不断地开发、处理和应用数据，极大地推动了集成 EPC 总承包和设计 – 建造（DB）交付方式的普及应用。

AEC 行业正在利用 BIM 和其他新技术增强自身工作的智能性，但技术的发展方向是由业主的需求决定的。此外，数据分析和 3D 建模都可以用来提升工作效率，很多建造者和业主都目睹了技术升级对建筑全生命周期管理产生的效果。

本书可使读者了解企业在“BIM 应用上升曲线”阶段面临的机遇和挑战，讲述了 BIM 技术及应用战略框架。书中的“典型案例”真实地反映了 BIM 技术在实际工作中的应用情况。

BIM 的世界正在迅速发展，每天的新应用层出不穷。BIM 与人工智能相结合将成为下一个技术潮流。学习和应用新的技术会使业主在引领企业前行的道路上取得明显优势。

Grant G. McCullagh

AECOM 原副主席兼首席执行官

GIBS LLC 总裁

（McCullagh 先生从事 AEC 行业 30 年，美国设计建造研究院主席，McClier 的主席、CEO 和联合创始人，还担任很多跨国 AEC 公司的主席和 CEO）

致谢

感谢我的妻子 Nehal 我的两个儿子 Devan 和 Jaimin。妻子一直支持我的工作，她除了要忍受我忙碌的行程安排还要接受我每周忙于本书的写作。还要感谢我的孩子们，感谢他们理解父亲的辛劳。

这本书是献给我的父亲，K. Pulla Reddy，他在非常年轻时开始从事建筑、工程和施工行业，这一经历深深影响了我。

第 1 章

1

建筑信息建模引论

建筑信息建模通常称作 BIM。在实践中，BIM 被定义为由三维（3D）计算机辅助设计（CAD）软件创建的文件。不幸的是，这种被广泛接纳的定义通常也是 BIM 部署失败的根本原因。将 BIM 看成最新 CAD 软件的“升级”是很多企业迈向错误方向的第一步。实际上，BIM 是过程改进的方法学，在建筑全生命周期的不同阶段都能利用其进行数据分析和预测结果。

市面上已有一些包括软件培训手册在内的论述 BIM 技术现状的书籍，而本书的中心是从业主的角度来审视 BIM。到目前为止，业主在 BIM 中担任的角色主要是在项目结束时成为 BIM 模型的接收人，而实际上业主是 BIM 过程最重要的参与者。本书的定位不是讲解 BIM 技术，而是帮助业主更好地理解 BIM，促使业主积极主动应用 BIM，让 BIM 给业主项目带来收益。

2

BIM 是一种“转型升级”，大部分情况下，转型升级发展十分迅速。但建筑、工程和施工（AEC）行业的转型却因多方面的原因进展缓慢，这是由整个施工系统的现状造成的。施工系统整体为一个高度分散的环境，其生态系统由经验丰富的专业人员和几乎没有多少经验的单一决策者——业主构成。AEC 进程的现状及转型升级后能达到的状态都不难理解，最大的问题在于如何实现从现状向最终状态的演变。我们必须明白，把 BIM 定义为过程改进的技术更多是建立在概念而不是分析的基础上。过程改进意味着要将现有系统及评价标准作为改进的基线。

BIM 展示的是一幅经努力改进后的未来施工愿景。此外，BIM 还是评估和收集现有过程数据的基础平台。整理 AEC 领域资深利益相关人的实践经验也是本书的一项任务。作为一种工具，软件跟其他很多工具一样，常被缺乏经验的实践人员滥用。

信息时代的到来使得各行各业纷纷搭建信息透明的平台，但建筑行业例外。目前的挑战在于“消费者”（此处指业主）驱动和要求改变的能力不强。

本书包含与 BIM 相关的基础知识及更复杂的知识点。此外，书中还包含了管理咨询与技术原理相结合的内容。本书各部分可单独使用，也可整本使用，视业主的需求而定。书中的很多内容和概念都旨在推动理论探讨，而不完全针对 BIM 的实际实施。书中的大部分内容都来自多年的行业实践经验，很多实践案例被本书收录，并命名为“典型案例”。

这些实例用于说明 BIM 应用的特殊工作流程和其面对的挑战与带来的收益。这些案例来自真实的项目，但经过了修改和匿名化处理，以便进行更清晰、客观的分析。AEC 领域当前面临的最大挑战之一就是能不能实事求是地评价 BIM 实际应用产生的效果和 BIM 实施带来的挑战。

本书的很多章节都引用了与本书主题相关的其他书籍中的内容。建议本书读者有选择地阅读这些书籍。

本书的目的是为建筑业主和开发商提供一个通过 BIM 实现其自身目标，并对 AEC 供应商进行合规指导的框架。AEC 领域的常用方法构成了当前 BIM 应用的基础（不一定为最佳实践）。业主可在真正理解 BIM 技术、行业及未来将面临的机遇和限制的前提下进行更透明的建筑过程优化。本书可按顺序整本阅读，供面临挑战的业主作为参考。

技术应使消费者获益。互联网时代到来以前，消费者只能通过旅行社预订机票、酒店和租赁汽车。这种方式下，航班时刻表、等级、准点率及质量方面的信息都不透明。旅行社以消费者代理的身份满足消费者的需求，从中获取收益。消费者必须相信旅行社。“信任但要核查”的经验法则在那时还不太行得通，因为没有可用的验证方法。而技术的发展使销售渠道缩短、取消供应链中介成为可能。消费者有了相信并核查旅行社提供的价格与准点信息的能力。

AEC 领域及整个建筑行业内都存在多层代理，有的能为业主带来价值，有的不能。很多情况下，像有多个总包的情况，产生的价值只是降低了仅与一个总包签订合同的风险。这对很多业主是有价值的，但可能出现价值与价格不符的情况。除按上述方式降低风险之外，业主还应通过数据来缓解风险。这类数据通常称作决策支持数据，在大多数其他行业内普遍存在。

BIM 的发展历程

我清楚地记得我的父亲曾说过：聪明人通常是沉默的。对于“BIM 为何必不可少”的问题，我的答案也是这句话。我发现 BIM 相关的讨论越来越多地存在于那些“无所不知”，但从未真正参与过建造的组织中。真正有经验的人反而一直是沉默的，或者更确切地说，是不愿意参加这些毫无新意的讨论。经验丰富的建筑专家都明白：技术的成功都受生态系统的最薄弱环节的影响。为了更好地理解这一点，请参考 BIM 的发展历程。这是要我们在讨论 BIM 的整体作用时不要过分强调技术层面（很多业内人士对此感到惊讶），因为 BIM 是一种转型升级，其内容远不仅仅只是技术。笔者一直与建筑行业经验最丰富的人员保持接触，现在的目标是找出理论与现实间的差异。

设计文件的建立是用二维（2D）通信平台语言表达三维（3D）世界（现实）。该 2D 平台是创造通用二维表达方式的第一步。该二维平台由一定详细程度（LOD）的平面图和立面图构成，LOD 通过详图、剖面图和技术规范表达。

显然，使用这种二维平台会导致信息理解的偏差。这是因为用 2D 文件实际上根本不可能完整地描述真实世界。大部分人都听到过“读书而不要看电影”这样的话。看书可以为我们留下很多自行理解（和想象）的空间，看书的过程是一种高度个性化的体验。而电影的内容就非常具体，看电影时，我们趋向于用自身的经验来解读电影的内容。这种形式可能适用于娱乐行业，但对建筑行业不适用，解读的不确定性很难使各参与方保持一致。这种明显偏差不仅发生在各参与方的理解上，也发生在预算费用上。

依照定义，BIM 软件是 CAD 软件的子集，但 BIM 过程与 CAD 过程有很大不同。在传统施工图绘制发展历史中最早采用的是机械方法（笔 / 纸，墨水 / 硫酸纸等）。有了 CAD 软件后，该机械过程被搬上了电脑屏幕，并转化成了一种计算过程。虽然可交付成果不变，但电脑的使用提高了施工图绘制的速度和精确性。此外，CAD 还大幅提高了设计变更效率。因此，较之生产过程，设计过程受该技术影响的程度较低。这与打字机向电脑内的文字处理程序的转 5
变相似。CAD 提供的设计辅助工具允许精确标注尺寸、轻松编辑和剪切粘贴。以往，CAD 一直是设计的建模工具。

由于计算效率的提高和价格的降低，很多业内人士都开始在设计过程中使用 CAD 协同工作。便捷的互联网文件共享技术出现后，AEC 行业设计阶段的效率有了非常大的提高。这些 CAD 程序还可生成 3D 可视化 CAD 模型。基础 CAD 功能通过附加应用程序得以扩展，实现了 CAD 信息与数据库和插件程序（宏脚本语言）的连接。但传统的 CAD 对整个建筑过程的优化作用非常小。“BIM 只是另一种 CAD 程序”的说法无异于说“电子表单只是另一种计数器”。

当前的标准实践是使用施工文件建立“真实”3D 模型（即建筑），而 BIM 被用于创建“虚拟”3D 模型生成施工文件（CDs）。这些 CDs 随后在施工过程使用。实际上，现在的建筑环境趋向于将 BIM 当作 CAD 应用程序。在业主和承包商驱动下，这种做法正在迅速发生变化。现在的做法是，使用 CAD 开发建筑生命周期内使用的信息，使用 BIM 集聚这些建筑信息，供全建筑生命周期读取。

总之，BIM 是整个建筑生命周期内基于数据库的建筑呈现。虽然 3D 显示是 BIM 的重要功能，但仅是 BIM 功能的一小部分。

建筑业的发展非常稳健。这种发展态势虽然不十分迅速，但确实是在不断进步。本书的目标是为业主提供制定渐进式、迭代式并举计划的指南。理解转型升级下业主当前的位置（当前状况）与未来定位（未来状况）间的差异并不难，面临的挑战是由当前走向未来的每一步到底应该怎样走。这些都将使用“缺口分析”方法进行分析，笔者将在后续章节中探讨这些 6

概念并讲解使用这些工具的方法。

BIM 可根据信息的提供者和使用者而划分为不同但相似的多个数据库集：

- 设计意图模型（信息的提供者和使用者为设计师）
- 建造意图模型（信息的提供者和使用者为承包商）
- 安装意图模型（信息的提供者和使用者为分包商）
- 设备管理模型（信息的提供者和使用者为业主）

多数新系统都遭受误解，进而滥用，因此产生较差的应用效果，最后遭致被摒弃的厄运。鉴于信息的相似性，有理由相信设计人员为自身创建的信息对承包商也有一定的可用性。大型项目通常都会设专人管理数据，有了 BIM 后，任何规模项目的建筑数据都需要有专人管理。BIM 产生的数据量至少是一般使用 2D 平面图和技术规范典型项目数据量的十倍。单纯的数据管理现正在转变为一种全职工作。

BIM 是一种变革性技术，与互联网相似。像采用互联网一样，采用 BIM 也是初始使用现成的工作流程和遗留数据。随着对 BIM 的深入了解，将很快用其改变和改进施工流程。从根本上说，虽然信息技术的出现为消费者带来了高透明度，但业主群体尚未从信息时代获益。现在，BIM 正在改变业主的工作流程、塑造新的业主经营模式。

未来趋势

先探讨未来趋势再探讨当前趋势的方式可能有违常规，但未来的 BIM 机遇将促进当前针对未来趋势的投资。BIM 的当前应用主要是为项目管理提供技术手段，推动项目取得成功。长远来看，BIM 最有意义的部分是数据挖掘和数据分析应用。一旦完成了建筑生命周期期大量结构化数据的集合，将会出现令人惊奇的应用。这些数据可作为基准数据和知识库数据进行组织和使用。例如，基于 BIM 模型制定施工进度计划的能力、根据建筑系统分析潜在施工延迟的能力，以及根据以往项目平均值预测工期的能力都会在设计优化中发挥重要作用。

7

预防性维护

BIM 数据在建筑预防性维护中的使用仍处于早期阶段，但这种应用确已开始增多。通过分析建筑组合的 BIM 数据可以确定大、小建筑系统的维护周期，降低设施意外停机的频次，提高运营预算编制的准确性。此外，可以已有分析数据作为基准对相似建筑（及建筑组合）性能进行评估。

可施工性分析

可施工性分析也是正在迅速发展的一个领域。模拟施工过程、预测未来结果的做法对业主非常有益。这已成为提供传统施工图审查服务的升级形式。虽然施工图审查服务作为同业互查也可创造价值，但价值非常有限。基于 BIM 的可施工性分析，除了提供 BIM 模型外，还提供了传统施工图审查的功能。可施工性分析可使业主了解设计团队交付的施工图的质量，以及按图施工将会造成的工程延误和预算超支。iBIM 可施工性指标（CI）是 BIM 分析及其扩展应用的一个工具，由我们 ARC 团队开发，可用于帮助业主评估建筑项目的可施工性。

iBIM CI 是一个专有的基准系统。该系统可评估具体项目的风险等级，用于缓解施工风险。CI 可根据不合规情况的数量和严重性来评估各专业的绩效，再将这些绩效得分相加得到项目的总分值。分值范围为 0 ~100，其中 0 表示最坏成果，100 表示最佳成果。以下所列为各专业的 CI 评分情况及项目的总分值情况。 8

这个过程对拟建项目具有非常重大的意义，它实现了项目成本 5%~20% 的缩减，将效益 / 成本之比提高到了 10 ： 1，同时大幅缩短了工期。无形效益与可量化的效益同等重要，因此也必须得到认可。无形效益包括合同文件更贴合实际，信息请求（RFIs）和变更单的减少、对进度计划干扰的减少、生产力的提高以及施工顺序的改进。

产品制造商分析

一个典型建筑包含许多建筑产品。建筑产品制造商（BPMs）是建筑生态系统的重要成员。虽然建筑产品制造商已开始参与 BIM 过程，但很多建筑产品制造商的参与程度仍然很低。部分建筑产品制造商提供 BIM 软件所需的产品信息模型(PIM),以便在虚拟建筑中安装虚拟产品。这些 PIM 需要尽可能准确地模拟实际产品。跟建筑行业的其他领域一样，建筑产品制造商在这类信息的提供过程中也遇到了“失败的开始”问题。这些问题产生的原因是建筑产品制造商像对待 CAD 详图那样处理这种信息，而没有真正理解 BIM 过程。BIM 需要很好地理解施工过程和产品，而不仅是施工内容和产品。积极的苗头显示，一些建筑产品制造商正在努力成为建筑生态系统的一部分，而不甘心仅仅只是建筑生态系统的供应商。

建筑产品制造商群体正在改进配置工具以适应与 BIM 软件的协同或兼容 BIM 文件格式。很多建筑产品制造商的技术支持人员都有使用 BIM 的能力，可以参与到项目协作中来。提供产品供货信息和价格信息现在还不是 BIM 应用的重点，但将是 BIM 应用的未来发展方向（图 1.1）。

建筑管理系统

建筑管理系统（亦称建筑自动化系统）与 BIM 整合是建筑行业当前的发展趋势。智能建筑的概念已存在了数十年。目前存在的挑战是建筑、系统和智能硬件的信息采集能力。既然 9

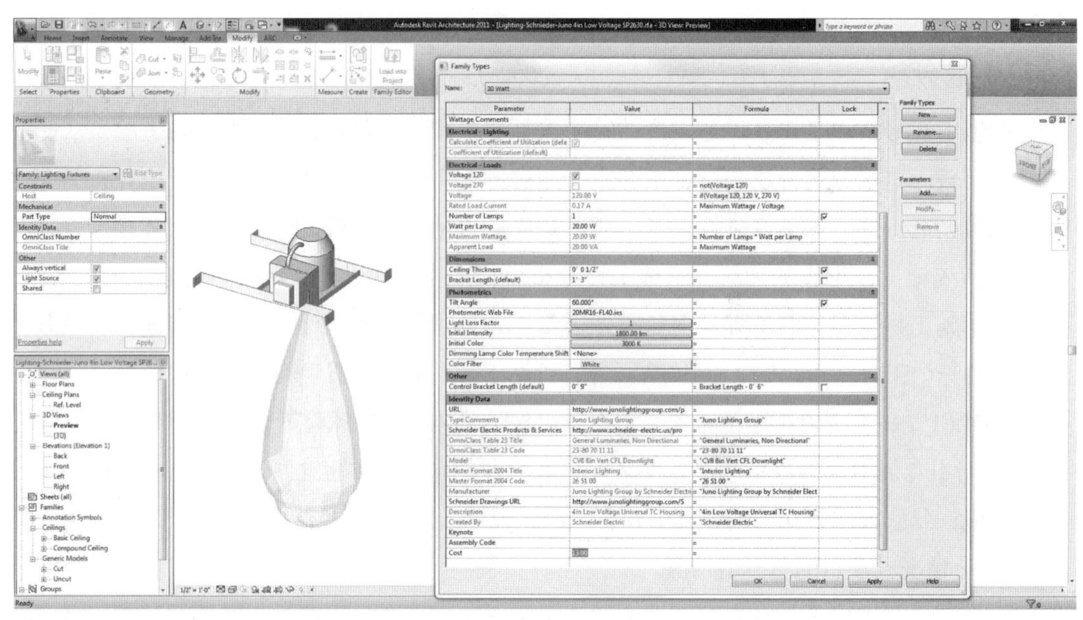

图 1.1 系统安装信息

BIM 存贮了建筑的详细信息，为什么不把这些数据与智能建筑管理系统无缝对接？建筑管理系统都是软件和硬件的组合。软件用于生成指令控制环境，管理建筑的方方面面。硬件支持控制建筑系统的软件，更确切地说，硬件支持的是建筑的数字控制系统。正如标准办公室计算机网络由一系列互相连接的系统构成一样，建筑管理系统也是由互相连接的建筑系统形成的网络。这些建筑系统包括：入驻管理；安保；暖通空调（HVAC）；照明；冷 / 热水系统；消防和报警；百叶窗；室内自动控制（视频投影机、下拉屏幕等）及通信系统。这些系统可能非常复杂，每一专业系统都有许多供应商。因此用 BIM 做系统设计、系统安装和系统整合十分必要。使用建筑管理系统的另一个好处是可像管理典型计算机系统那样管理建筑。业主可查阅历史记录日志，进行与建筑性能相关的分析。数据可用作未来建筑改造和新设施设计的依据。这些系统还可执行建筑的标准程序，根据用例自动生成一组事件。例如，建筑的常规晨启程序可为安全事件、HVAC 事件和警报系统的组合。系统可打开外门和走廊，开启空气调节系统，并将限制区的警报器切换到被动模式。这是一组典型的计划好的重复事件。对意外事件，可通过开发自动化执行程序处理。这种意外事件下可至漏水之类的小事件，上可至恐怖威胁之类的大事件。

10

建筑管理系统正在成为高度复杂的建筑神经系统。出于对建筑运营成本和绿色环保的考虑，使得使用建筑管理系统成为必然。该技术的使用范围在不断扩大，整合能力也在不断提高。很多建筑业主的核心建筑可能已有建筑管理系统，而现在则必须将这些建筑管理系统整合到租户管理系统中。更重要的是，现在这些系统与建筑使用者的联系更为紧密。请参考以下实例：用户刷门禁卡进入建筑。刷卡时，建筑即可确认该用户为建筑内某间办公室的主管人员，随后照明系统打开通往该主管人员办公室的走廊的照明灯，该主管人员办公室及相邻的休息室开始进行照明和温度控制。该主管人员下班刷卡离开建筑时，建筑自行关闭相应的系统。这种用例现在已实现，并已投入使用。这种创新和整合已吸引了很多信息技术（IT）系统公司，包括 Cisco 和 IBM。设施经理和 IT 经理的职责开始变得模糊，建筑正表现得像一个 IT 系统，而不是建筑系统。

设施管理系统

设施管理（FM）系统也正在发展整合 BIM 技术的能力。这可使业主通过点取 BIM 内部任一系统就能获知安装日期、安装人员、已实施的维护及质保信息。这可为业主提供大量的与资产相关的信息。此外，业主还能找到充足的信息与维护公司、承包商等更好地沟通，而无须事先雇用分包商确定当前的设施状况。这将从根本上鼓励业主更好地利用 BIM 数据，让他们认识到一些以前必须外包的事现在可以自己做。 11

为了说明 BIM 为何适用于设施管理，让我们先来探讨典型 FM 的核心过程以及这些过程如何从 BIM 中受益。这些核心过程包括设施维护、资产管理、空间管理、搬迁管理和策略规划。

设施维护

设施维护指建筑设备的保养、支持和维护。设施经理通常会记录详细的设备使用历史和相关的维护要求，尽力延长贵重设备的使用期。设施经理需根据设施维护任务在监理人员、技术人员、车间及外部供货商之间进行协调。此外，设施经理还必须在数据库中记录合同的有效期限，设置预防性维护所需的自动提醒。

站在过程管理角度来看，设施经理应采用自动化手段跟踪、报告与服务相关的关键数据，如维修成本、响应时间和工作记录等。高效的设施经理会向内部客户提供自助生成服务请求单和工单状态查看系统；向维护人员和供应商发送电子邮件，提醒实施预防性维护计划；以及自动生成计划性维护工单。此外，设施经理还分别向内部员工和供应商分派工单，撰写供应商提供设备的成本分析报告。

资产管理

资产管理是指对办公设备、家具、计算机、生命安全系统、建筑系统、实验室设备、企业艺术品等各类资产的跟踪过程。可通过在 BIM 模型中点击资产链接，显示资产的位置、所有权和产品信息，由此可大幅提高资产维护与人员搬迁管理效率。高效的设施经理会在 BIM 模型内或在楼层平面图上追踪、定位企业资产，制定对企业资产成本、布置、可用性及分配等事项的追踪流程。 12

空间管理

空间管理是指对组织内空间实时使用情况的管理过程，可使设施管理专业人员、部门协调人和行政管理人员全面了解工作空间的使用情况。设施经理有责任规划、跟踪和向主管领导报告员工的搬迁情况。空间管理过程可使设施经理更加高效地规划和管理新员工入职、帮助员工和外包人员搬迁到新地方办公。

搬迁管理

搬迁管理是指设施经理计划、跟踪和向主管领导报告员工搬迁的过程。设施经理应能轻松协调搬迁协调员、搬迁团队成员和外包供应商的工作。搬迁管理可设置自动化流程，允许现有员工向管理人员提交搬迁申请，管理人员收到申请后通知设施经理进行工作空间的协调、审批、制定搬迁计划、完成工作空间布置。

策略规划

策略规划允许使用多个“假设”场景对组织当前和未来空间及入驻率进行可视化描述，使用预测工具检查组织空间组合与业务需求的符合度。

设施经理需维护准确的空间库存记录，如位置、房间号、空间类型、面积和容量。策略规划过程的目标是帮助设施管理专业人员、部门协调人和行政管理人员全面了解空间及其入驻使用情况。设施经理应设法收集所有位置的空间、入驻信息，确保管理层和内部客户能够使用所需信息，并帮助部门协调人管理和维护部门的空间与入驻信息。设施经理还应该利用详细的空间库存清单、准确的入驻数据，参照设施基准水平，提高设施的入驻率和空间利用率。

13

软件工具

很多厂商提供的软件工具都包括一个核心模块和若干针对设施管理不同方面的应用模块。这些系统应作为 FM 中心数据库，可在建筑全生命期内随时访问和使用。

这些程序通常以基于 Web 的工作空间管理软件包的形式运行，帮助组织实现整体设施的信息共享和过程管理。理想情况下，这些 FM 软件工具可由所有员工使用标准 Web 浏览器访问，通过操作软件所提供的直观交互式界面可获取建筑平面、报告、员工信息和重要文档。这些软件包通常称作计算机辅助设施管理（CAFM）和计算机化维护管理系统（CMMS）。

CAFM 软件可使设施管理功能自动化。国际设施管理协会（IFMA）将设施管理职责分为以下几个主要方面：

- 长期和年度设施规划
- 设施财务预测

- 不动产收购 / 处置
- 工作规范、工位部署和空间管理
- 建筑、工程规划和设计
- 新建和翻修
- 维护和运行管理
- 通信整合、安保和总务

资产管理软件

14

高效的资产管理软件会使用图形化查询方式在建筑平面图上搜索资产并可视化显示搜索结果。系统允许设施经理跟踪资产折旧情况，检查资产现值与财务报告和符合度，以及追踪所有权和产品信息（如序列号和安装日期等）。资产管理系统还可与其他系统整合，如与条形码系统或企业资源计划（ERP）系统整合，从而提高资产跟踪的可靠性。

空间管理软件

设施经理必须做出规划允许软件使用者安装设施数字平面图或 BIM 模型。软件使用者以申请表形式向设施经理提交请求，请求提交后自动进入审批流程等待批准。此外，很多空间管理软件系统的 AutoCAD 集成组件允许用户将 Revit 模型和 AutoCAD 图形文件与组织的 FM 数据库相连。通过点取菜单选项，可实现基于这种连接的关键信息（如房间 ID、员工房间分配、部门位置、面积测算等必要的信息）的双向更新。

该平台还能对人员、资产和基础设施部件的搬迁细节进行有效协调。高效的软件解决方案应有空间请求管理功能，允许提交请求给设施经理，设施经理接到请求后开展协调、审批、计划和实施工作。平台还允许员工上传自己在搬迁流程各阶段的情况。

搬迁管理软件

内部客户的搬迁请求可通过基于 Web 的申请表提交，请求提交后将进入自动化审批程序。搬迁请求由设施经理负责协调、审批、计划、执行，员工能上报搬迁过程各阶段情况。高效的软件平台还具有快速协调人员、资产和基础设施部件搬迁细节的能力。

战略规划软件

15

使用平台为雇员分配新空间前，设施经理通常会依据增长准则（如人员总数、员工详细情况、面积及增长百分比）收集和预测空间需求。设施经理使用的系统还应考虑邻近性、聚集性等决定新雇员位置的因素。该平台应具有对空间和占用情况进行预测的能力以及自动给工作空间服务商和相关人员发送通知的能力。

此外，现代的设施经理还需将设施信息与 Revit 中的详细空间信息关联起来，用 Web 浏览器在楼层平面图上以可视化方式查看实时设备数据。该平台还应支持空间利用现状与建筑组合性能的对比，以及将空间信息与部门和组织的成本中心信息系统连接，以跟踪部门的空间使用情况，支撑空间计费政策。

很多战略空间规划平台都还包含一种集成组件，供用户在 Revit 模型、AutoCAD 图形文件与建筑数据库之间建立连接。这种连接可实现关键信息（如房间 ID、个人房间分配信息、部门位置、面积测算等组织可能需要的相关信息）的双向更新。

CMMS 有时也称作企业资产管理系统，因为它将设备当作资产进行管理和维护。资产的维护可确保资产的长期价值，而跟踪与资产相关的所有活动既可提供维护证据，也可为未来的维护花销提供参考数据。很多业主保存的 2000 万美元建筑资产的信息还不如其车队信息详尽。这是一个很大的挑战，因为需要跟踪的建筑数据非常庞大。BIM 和 CMMS 系统可帮助业主迎接这一挑战。

设施维护软件

设施维护软件可使设施经理保存、管理设备库存清单、设备维护详细记录和相关维护需求。很多平台都允许工作组接收常规任务（如空调机组和复印机每六个月一次的检查）的电子邮件提示，并在系统内自动生成维护票据。一般情况下，设施经理可通过设施维护平台记录建筑设备的维护和成本信息、自动生成预防性维护计划与工单。FM 平台还将关键数据（维修成本、响应时间、设备监控记录等相关数据）与自助服务请求关联。

16

总之，用 FM 软件工具可使设施经理有效规划新员工入职与老员工搬迁、管理来访者空间设置、重新配置房间和工作空间、追踪资产及管理整体设施。设施经理还应尽力改进内部客户服务，确保软件允许管理人员通过图形界面访问物业信息、生成实时报告、查看建筑平面、搜索存档图纸和关键文件以及在企业内网与管理人员、合作伙伴及内部客户共享设施数据。B/S 架构的设施管理软件与 BIM 整合可为业主所在的整个组织提供数据，而不是仅仅只有几个软件管理人员才能使用数据。这不仅能为业主、用户创造价值，同时还能实现数据收集的去中心化。在数据收集去中心化环境下，数据可及时更新，对业主和用户更有用、更可靠。

组织绝对不会在没有详细、准确图纸的情况下建造新建筑，但他们会在无正确图纸的情况下每隔 3~6 年一部分一部分地进行设施翻新，因为他们从来没有对原始图纸做过更新。一旦 BIM 成为标准，该问题将因持续的图纸更新得以解决。对于旧建筑，如果无法确定现存图纸的有效性，有必要按部就班地对建筑做一次测量，对系统重新分类，更新原来的图纸。BIM 应作为所有新建项目和既有建筑改造项目的标准。在选择与哪家咨询公司合作以及采用何种建筑自动化系统时，我们主要考察的是他们实施BIM和收集数据的能力能否满足要求。[1]

建筑业主目标

17

BIM是具有物理和功能特征的数字数据库，同时还包含可以用超三维坐标系显示的建筑信息。通过BIM，建筑公司可在实际施工开始前模拟施工现场的施工过程。这样可帮助消除许多施工过程效率不彰的问题。BIM中由团队成员在各阶段输入或更新的信息可传递到下一阶段，传递过程中无任何信息损失或重复。模型可由任何利益相关方在施工过程中的任意时间点进行信息录入、更新或提取。项目完工后，包含丰富数据的模型可交付给业主或设施经理。该模型随后可用于建筑整个生命周期内的建筑运维。总之，以上就是BIM的愿景，但现在有很多因素制约着目标的实现。

BIM已经被证明是有利于建筑过程（从设计到施工再到设施管理）所有参与方的。建筑业主尤其应实施BIM，这不仅是为了建筑施工，也是为了建筑的运维。美国总务管理局（GSA）及美国陆军工程兵团（USACE）等业主已在BIM应用方面作了很大努力。他们认为BIM的实施动力不应仅来自成本节省，还应来自BIM的其他功效，如优化不同工程系统的能力、开展能耗分析的能力、自动生成技术规范的能力以及最终消除纸张的使用及消除基于纸质文件流程管理的能力。BIM可用于为已有建筑生成竣工文档，同时还可用于空间报告、空间和租户的管理以及根据项目计划评估设计是否合格。采用BIM的业主，其建筑设计和建造将达到更高水平。BIM可在设计阶段缩短总体项目交付时间，同时减少影响承包商的不确定性因素。由此可更精确地计算成本，减少标书的变更。

BIM已给施工过程带来巨大改变。一直以来，施工都以其不同团队间错综复杂的合同关系而闻名。根据施工用户圆桌会议（CURT）第WP1202号出版物，30%的施工成本都浪费在了现场错误协调、材料浪费、低效劳动和其他传统施工过程出现的低效问题上。尽管业主可能知道浪费的事实和浪费的数量，但仍将浪费的成本视作总体施工成本的一部分。因此他们将这部分成本纳入到概算、预算和意外开支费用内，并最终由业主支付。导致低效的一大主因是AEC行业内水平、分散的供应链配置，这种配置下的信息从一方到另一方线性传递。项目各参与方都有自身的既定利益和目标偏差。为了实现业主的目标，应改变这种配置，让整个团队打破常规界限共同工作，并采用新的、更有效的项目交付方法。

18

为了提高项目交付的效率，必须提高整个项目过程的协同水平。这可通过更好的信息整合和流程优化实现。BIM是促进从项目开始之初就进行深入协作的工具。很多业主都希望其项目能采用集成项目交付（IPD）方法，这种方法需要项目各参与方在项目开始之初就投入所有团队成员的智慧、经验和精力。但实施IPD的业主必须跳出固有的思维模式，让BIM为IPD增光添色。在IPD配置下，所有项目成员只有一个目标，那就是项目的成功。理论上来说，这种方法可减少浪费、提高效率，从而为业主创造更大的价值。IPD 过程通常包括项目的全生命周期，即从项目的设计和制造阶段到最终施工结束。通过 IPD 过程，施工团队可从设计阶段之初就参与到可施工性分析和价值工程中，这可使业主从中受益。业主还应认识到 IPD 方法可给整个团队带来收益，他们风险共担、收益共享。在许多方面，IPD 是一个更具创造性的方法，项目团队能从消除项目风险获得的回报中获益。BIM 搭建了一个平台，能使所有团队 19 成员从项目之初就参与到项目中来，使每个成员的价值和作用得到提升。承包商甚至可在设计早期或未完成阶段就开始进行设计的可施工性分析。

BIM 还可实现高效、精益的建造过程。“精益”是指减少浪费（时间、材料和人力）、增加价值的过程或哲学。精益建造已经用于制造业，并开始在施工中应用。支撑精益的一个基本观念是：所有不为消费者创造价值的事物都是浪费。此处的价值不是一种主观属性，而是一种财务指标。业主着手任何类型的建设项目前都必须先了解自己创造价值的动因。从根本上说，不同业主创造价值的动因各不相同。建设过程中的浪费通常隐藏在变更、不良信息流动、返工等过程中。BIM 一与精益结合就创造了减少浪费、改进项目交付过程的有效工具。BIM 可通过在虚拟环境中模拟建筑过程和提供大量分析文档显著改善施工过程。在精益建造中使用 BIM 可降低项目总成本，因为它可以在尚处于较低成本的补救时间节点发现问题。BIM 还可为业主提供大量决策支持数据，使业主可在变更施工开始前更好地理解设计变更的真正价值。施工过程中发现需要变更的时间越晚，变更成本越高。当前的实践中，因在施工过程中发现需要变更的时间太晚，业主无法承受变更成本的情况并不少见。

建筑行业内存在一种错误观念，即 BIM 需要有 IPD 方可有效。另一种错误的观念是业主和 AEC 群体在一个团队工作。在绝大部分 IPD 项目（或测试项目）中，成本、效益、风险没有齐头并重，“质量、进度、成本三选二”的传统情况仍然流行。一个 IPD 项目结束后，大部分业主都认同是 IPD 让他们按时、高质交付了产品。然而这个结果是以牺牲成本为代价取得的。因此我们应通过技术让项目不以牺牲成本为代价按时、保质交付。这样，我们所做的唯一牺牲就是大量人际交流所耗费的精力。因此，业主及其供应商（AEC 群体）只要记住这一点，20 就能利用技术实现按时、高质、低成本的项目交付。

> 现在，很多建筑公司的团队都根本不是真正意义上的团队，因为团队成员不能有效地、有组织地、有长远目标地在一起工作。标榜项目“团队”只是简单地为随机分组、甚至整个施工组织贴上模糊的标签。这些标签毫无价值。实际上，只要有人向领导要求有个团队便有了团队。只要不犯错误，员工不犯傻，他们就可以继续以“团队”的名义运营一个组或一个部门。更进一步说，这样的团队只是一盘散沙。[2]

用户体验

“用户体验”一词历史上只在软件设计群体中使用。大多数人都主观地认为用户体验是用户使用软件时的感受。事实上，用户体验是科学的，且多数情况下，用户体验可以预测。虽然万维网应用之初，网站的布局多种多样，但随着时间的推移，网站布局变得非常容易预见。上网的用户在参与网站易用性调查时，通常都说满意。这种友好界面的反复出现后来演变为标准。在很多方面，业主的用户体验多年来都未改变，应交付成果不变，与设计和施工团队的互动也始终如一，新技术只是提高了人工效率，但未显著改变核心流程。

“用户体验”一词在很多不同的方面都可以用在 BIM 上。BIM 能为业主带来新的用户体验。同时，业主也应努力改变为其提供服务的各参与方的用户体验。不幸的是，目前设计审查会议仍未发生实质改变，设计人员与业主会面仅为了施工图、渲染图等文件的审查及反馈。有 21 了 BIM 后，设计人员可在会议上呈现 3D 模型，让模型围着一点旋转，并在众人的喝彩声中完成设计审查。即使在这种情况下，BIM 也仅用在了可视化方面，而施工过程仍未改变。建筑是非常复杂的，BIM 创造出让看不懂施工图的人员也可参与设计过程的环境。业主代表的工作是确保流程符合所有利益相关人的利益，包括符合建筑使用者、维护工人等人员的利益。分布式计算和 BIM 的结合创造了利益相关方参与设计过程的良好机遇，这可通过被称作“众包”的方法实现。

“众包”是将通常由雇员完成的任务外包给大型使用者或消费者集团的过程。众包已成为 Web 应用程序部署的标准过程。很多像 Google 之类的公司在做程序 beta 版测试时都使用众包模式，让用户使用该技术提供测试反馈。私人众包用于解决健康科学问题，具体方法为向一个群体发布产品开发任务，再向解决该问题的人员支付费用。有些情况下，这些费用可为数十万美元。使用众包的好处是，能从众多使用者的知识当中积累大量有用知识并提炼出有价 22 值的专业知识。

例如，建设新医院需要医院的很多部门参与。过去是通过组建业主群来汇集各部门的需求。使用 BIM 及其他协同技术，医院可设立包含 BIM 模型的门户网站，让医生、护士、财务分析师、医疗设备供应商、病人及维护人员等相关人员查看 BIM 模型，提供相关的反馈。这种反馈可能不仅与空间使用和需求有关，甚至还可能包含专用产品和设备的使用。因此，这种反馈将构成所有医院利益相关人的总体用户体验。例如，如果运维团队看到所采用的地板产品，他们的反馈可是该产品为高频率维护性产品、需将维护工作外包的建议。其他例子包括产品制造商建议采用更符合能源或空间要求的新产品。医生和护士可能不再需要使用检查室存放病案的家具，因为他们已经使用平板设备保存、查阅电子病历。众包用于发挥群体知识的力量。虽然这在过去也能通过 2D 图纸实现，但参与群体仅为能看懂施工图纸的用户（图 1.2）。

图 1.2 云端的天才（图片由 Buffi Aguero 提供）

同样，业主及其设计、施工团队的用户体验也在改变。业主不再只是具有重要影响力的被动团队的一员，而是一个引领团队走向成功的主动团队的领导。有人认为 BIM 用于小型项目难于产生效益因此没有应用的必要，但与之相反，大型项目由经验丰富的业主和团队成员管理，业主在项目实施过程中非常活跃，因而可用 BIM 解决复杂问题。实际上，在小型项目中，业主的意见对项目的成功与失败也非常关键，小型项目的 BIM 应用能让没有管理经验的业主主动参与项目实施，不因缺乏经验而却步。此外，BIM 还可提高业主决策的透明度，让业主以事实而不是供货商的意见为基础进行决策。

23

沟通

任何组织都需要沟通，所有业主都希望和供应商多沟通。量不在多，高质量、切中主题的沟通才最重要。当前，把电子邮件作为沟通工具的做法已经由遭到抵制转变为普遍接受，基于 Web 的自动化协作系统不断涌现。技术增强了沟通能力，但并不意味着沟通的质量也随之提高。随着电子邮件的出现，我们可以向每个人发送邮件，以至于我们的收件箱被塞满，无从下手整理。而 BIM 有能力将业主的沟通质量提升到新水平，能在保证质量的前提下提高信息容量。

可视化已经成为 BIM 的主要特征，也是使它成为行业新宠的根本原因。在一些企业中，

BIM 被单纯视为可视化工具，有时又称为 3D 软件。最早使用 BIM 是为迎合市场需求，其实 BIM 远非可视化工具这么简单，但也并不能否定其可视化功能所产生的效果。它能提高业主与设计、施工供应商之间沟通的质量，并非所有的业主都有空间判断能力，能看懂施工图纸并进行空间想象。提供传统的效果图供业主进行决策虽有所帮助但缺乏决策所需的细节内容，而 BIM 的可视化功能不仅能提供决策所需的细节，还能让业主组织内部的其他利益相关者参与到决策中来。

随着 BIM 的不断演变，业主不仅可以通过可视化功能获益，还可通过报表功能获益。BIM 能从数据库中提取数据，向业主提供所需信息的详细报表。

促进沟通的工具通常称作协同工具。协同的含义比较广泛，而与协同相关的工具可以非常简单也可以非常复杂。简单的工具，如发送电子邮件或上传文档到 FTP 服务器，等等；复杂的工具，如产品生命周期管理（PLCM）系统，等等。市场上有很多种协同工具，如 SharePoint、PlanWell Collaborate、Buzzsaw、Basecamp、Zoho、ProjectWise、Horizontal、Tekla、Solibri 等等。但没有一款工具可以脱离建模软件读取 BIM 文件及内嵌管理模型变更的权威流程，而内嵌 BIM 文件浏览器及管理模型变更权威流程的系统将成为主流。共享模型是最简单的协同形式，但让每个项目参与方都能在权威主导的框架内提供反馈意见，无疑是巨大挑战。理解“权威”这一术语的含义相当重要，因为它与职业责任有关。即使一个拥有 25 年工作经验的 CAD（而非 BIM）制图员作为结构工程师代表更改了 BIM 模型，也需要一个权威批准。如果权威能够出席现场实时 BIM 协同会议进行实时决策和审批，这将会对项目大有益处。但这种情况很少出现。

典型案例

24

一位业主收到了承包商提供的 BIM 模型，此前业主并没有提过这个要求，只是承包商在施工过程中使用了 BIM。承包商使用 BIM 进行协同，在有限空间内进行机械设备布局，取得很大收益。业主漫步在该模型中，对布局颇感满意，于是请来了设施运维经理与其一起查看模型。当他们穿行在模型中时，业主不停感慨承包商设计的精准巧妙，可以在如此狭小的空间内放置这些设备。但是设施维修经理却指出了设计的缺陷，向业主说明设计导致维修工作非常困难以至于无法完成。于是设施维修经理提出了修改建议，在新布局中消除了影响设施维修的障碍。

采购

如果 BIM 模型中包含所有可能需要的建筑信息，那它必然包含技术规范和工程量信息。

因此，建筑师可在编制投标预算前，从模型中提取工程量。一旦拥有 BIM，承包商也能从模型中提取工程量并与采用其他方法计算的工程量比对。如果模型中的每个对象都有对应的价格，则可以方便地生成材料与产品成本清单。假设一名酒店业主拥有 5000 间客房，每间客房的地毯或瓷砖的要求相同，在改造和维修过程开始之前，使用这些数据，就可以做出相当准确的成本预算。

使用 BIM 确定材料（钢铁、铜等）的总量同等重要。由于自然资源和有价物品受全球需求和市场波动影响，所以进行有价物品套期保值交易就尤其重要。举一个比较大的案例，航空产业作为一个可预测行业，必须依靠燃油套期保值盈利。一个大型项目，从规划到完工，最少也要耗时 1 年以上。若能确定重要物资的数量，则可以至少减少 10% 以上的支出。在经济蓬勃发展时期，消费者对通货膨胀不是那么敏感。而在我们如今的经济环境中，商品价格上涨会给项目带来巨大风险。因为价格上涨不仅影响原材料本身，还影响了由这些材料加工的商品以及燃油附加费。将建筑“拆成”物资组合，再使用套期保值战略可能会成为一种新的趋势和潮流。

将建筑分解成材料清单可以带来许多机会。具体到卫生保健领域，团购组织（GPO）已能通过高采购量降低医院的采购成本。在新建工程中，虽然已有家具和设备的团购实践，但对更基础的建筑材料采用团购方式降低采购成本的做法还不多见。由于缺乏历史数据和无法预计材料需求，对基础建筑材料的团购实践造成了很大挑战。业主若想用他们的采购权力降低成本，采用团购（GPO）方法再合适不过了。很多工程承包商可以利用采购物料的权力获得优惠，但是没有承包商会将这部分结余利润返给业主，因为他们只考虑自身的项目盈利。

在倡导物流、供应链零库存时代，可以利用 BIM 数据减少现场材料存放。这也减少了材料被盗和损坏的情况发生，并使现场物流得到简化。以前只是在狭小施工场地中才使用 BIM 管理现场物流，现在在普通施工场地使用 BIM 管理现场物流的实践正在逐渐增多。

设计指南

对于美学要求很高的建筑，BIM 可让建筑师自由发挥创造力，利用体量和系统安装数据分析建筑概念，在设计可施工性分析基础上形成最大胆的设计。BIM 还可提高设计精度，采用集成方式使设计和文件编制同步进行，简化合同文件协调工作。如在某一时间点业主决定修改建筑外观，更换建筑材料，建筑师只需在 BIM 模型上修改设计、改变材料，材料用量、装修计划和技术规范即可自动更新。BIM 不仅可以为建筑师节省时间，还可以避免延误工期。由于 BIM 参数化的特点，设计师和业主可在业主预算范围内对不同的材料、体量进行尝试。

BIM 模型的可视化大大提高了人们对拟建建筑及其集成系统的理解。协同施工文件的准确性允许总承包商向业主提供准确的报价。由于采用 BIM 生成的施工文件出现错误信息或遗漏信息的地方较少，业主感觉更放心，不会再过多纠结 Spearin 原则（关于建筑师失误产生的损失）。Spearin 原则是一条法律规定，承包商履行由业主提供的合同文件（图纸和技术规范）时生效。这些合同文件可能会出现很多错误和疏忽，承包商不会由于业主的失误而被追究法律责任。因此，由于合同文件而产生的任何损失或损害，业主要自己承担。

使用“模型检查”新型软件，可对设计的可施工性以及模型的正确性进行检查，也可对 27 设计导则和技术规范的执行情况进行检查。例如，Solibri 模型检查软件的几个扩展模块可以检查模型是否符合《美国残疾人法案》（ADA）、绿色建筑认证条件，还能检查执行 GAS 条例情况。自动验证模型的规范符合性，可提前解决掉大部分违反规范问题，不至于等到承包商施工时才发现问题。另外，业主可依据自身经验，为模型检查软件定制开发满足特定需求的检查规则。图 1.3 是一个模型检查软件示例。

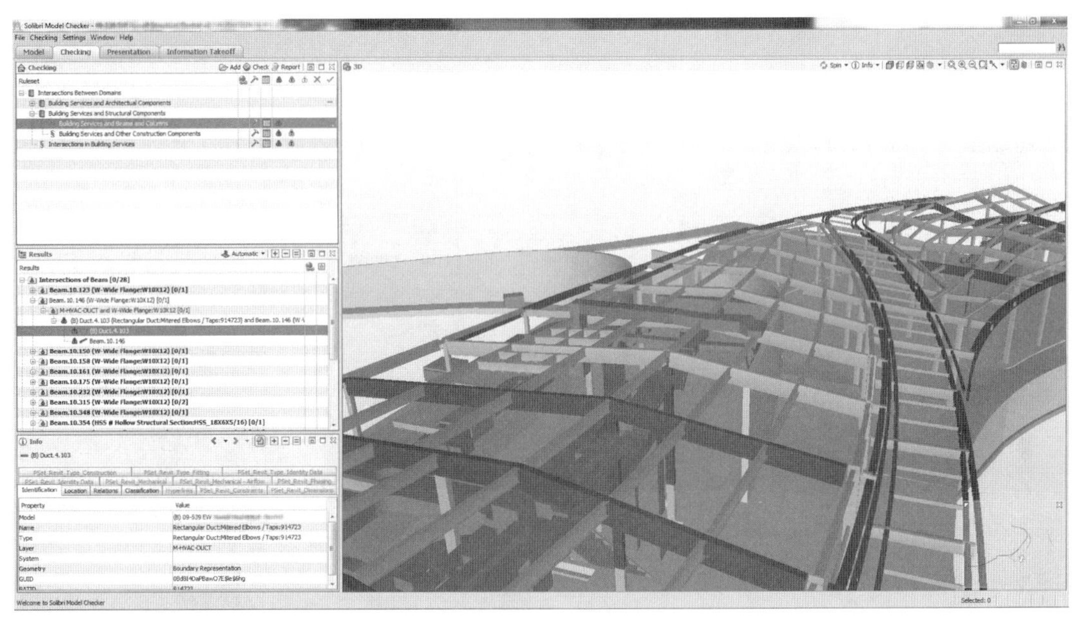

图 1.3 模型检测软件示例

实际上，在大多数情况下，建筑师仅把 BIM 软件简单地当作 3D 绘图工具。他们投资 BIM 技术完全是为了自身利益。软件可提高内部效率，提供更高质量的可交付物和提高其他参与方的用户体验。这可极大地改进施工过程，但业主却没有从中受益，还是接受原来合同规定的交付成果。建筑事务所使用 BIM 仅仅是为了降低内部成本，创造更好的项目利润。为交付成果（施工文件）付费，却不参与建筑师创作施工文件的整个过程对于业主来说无疑是个挑战。 28 一般而论，业主不花钱就想索要某一交付成果显然不合情理。在总价合同中，建筑师可从高效的工作流程中获利，而业主从降低设计费用中获利。虽然设计费是工程预算中很少的一部分，但对如何收费没有明确规定。BIM 可为建筑师带来根据价值收取费用、增加项目利润的机遇。笔者曾遇到过有的建筑师在项目交付时向业主收取 BIM 应用的费用。接受相同的项目交付物却要支付更多的费用，对业主来讲显然不合逻辑。同样，业主希望建筑师为建筑设计事务所创建的BIM模型对业主有很大价值也不合理。最好的解决办法是，业主制定一份BIM需求规范，并甘愿向建筑师支付BIM模型费用。反过来，建筑师应该保证BIM模型满足业的规范要求。

施工流程和成本

在传统的施工流程中，项目中大部分的规划和协同活动通常都由建筑师和工程师拍脑门决定，而不是依靠某种技术支撑。因此，大部分决策都是在建筑师和工程师对多专业信息理解的基础上进行的。2D 协同只是两个维度的协同，未通过其他维度检验空间情况（图 1.4），这不能保证每次项目协同会议的决策都是正确的。

BIM 模型的准确性，可使参与协同过程的各参与方都能获益。BIM 同时有助于避免“现

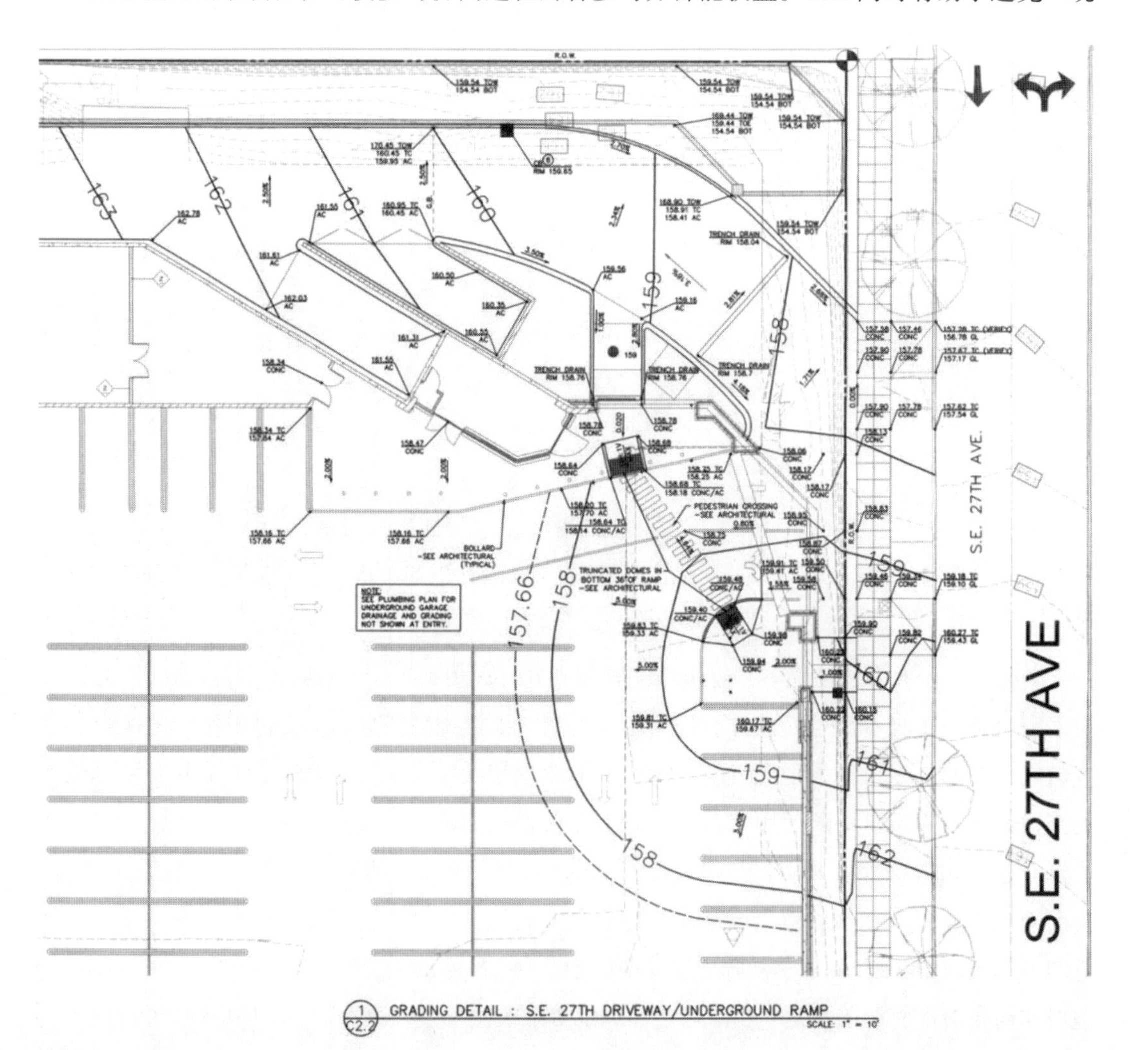

图 1.4 2D 协同

场返工”。一旦设计完成或还没施工之前，就可进行多专业协同。经过协同之后安装的建筑系统会更加准确。解决协同过程中发现的冲突可以消除潜在的大量施工变更，从而为业主节省大量的资金和工期。通常，这些在BIM协同中发现的冲突，对于不使用BIM的项目，要到几乎所有部件都安装完毕后才能发现。显然，在这个时间点上变更代价非常昂贵，如果提前进行施工协同这些变更是可以避免的。很多业主并不参与变更过程（他们也不应该参与）但他们认为这种低效行为不会让他们买单。实际上，多花的钱都是由业主承担的。业主当然不会收到低效施工产生的账单，但这些费用全都算进了工程总价中。不然，也不会有人争先恐后承包工程了。

在项目施工的关键节点，可利用BIM工具对项目作出评估并为决策提供支撑。业已证明BIM不仅可以简化决策流程，还可快速评估和分析各种“假设”情况，优化决策。有效使用BIM的承包商可有效降低风险，获得高额利润。某些情况下，承包商会将结余返还给业主，但大部分时候都是占为己有。

对于施工来说，时间就是金钱。尽管每个业主都试图找到降低成本的契机，但科学制定施工进度计划同等重要，不容忽视。业主也可得益于4D BIM模型，四维（4D）增强模型可让项目参与团队及时、主动地对项目范围和进度计划提出意见（图1.5）。4D模型可用于对项目实施策略的研究和改进、提高可施工性和施工效率、快速识别并解决时空冲突。将BIM中的对象与不同计划进度软件（如Primavera或Microsoft Project）关联，可进行4D施工模拟。通过将不同场景可视化，整个团队可以充分理解施工流程中的安全、物流、规划和工序问题。

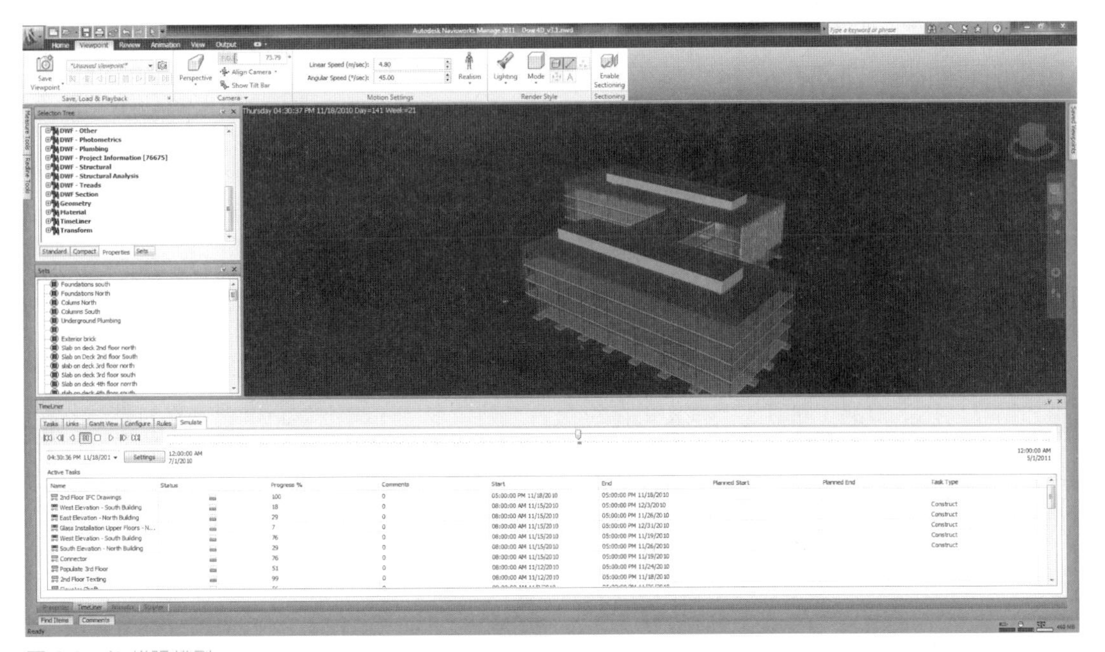

图1.5 4D增强模型

当明确了这些问题，确定建设这个项目最有效的方法就十分简单了。4D BIM 模型对多参与方项目尤其有效，如既有建筑边运营边改建项目，或城区狭窄场地项目。使用 BIM 模型的第三维和第四维可协调材料采购，有效避免延期或重复购买的情况发生。零库存交付不仅可以提高物流效率，而且可以节省物料储存费用，同时避免由于采购失误导致工期延误。对于业主而言，使用 4D 技术可有效提高施工过程的透明度。有经验的业主会利用 4D 技术降低物流费用。

31

前面已经讨论过，数据丰富的 BIM 模型包含所有有用的建筑信息，包括技术规范和工程量，建筑师可以使用 BIM 模型提取工程量用于招标预算。为了使模型包含有用数据，在创建模型时就要录入数据。总承包商也可以从 BIM 中提取工程量与自己计算的工程量比对。在模型每个对象都有价格属性的情况下，生成材料与产品成本清单就变得非常容易。业主还可在雇用承包商之前使用 BIM 从制造商代表那里获取初步的价格信息。一旦业主了解了建筑成本的具体信息，他们就可采用精益原则避免不必要的支出。通过访问制造商社区知识库，业主还可寻找物美价廉的替代产品。

可持续性

若业主想拥有绿色建筑，使用 BIM 进行能耗分析是再好不过的选择。有许多使用 BIM 提高建筑能效的方法。软件可在设计早期阶段帮助业主预测建筑生命周期内的能耗及成本。设施经理可把这些数据作为基准检查建筑能耗情况。业主可利用这些数据申请和维持 LEED–EB 认证。

32

美国的建筑物大约贡献了全年温室气体排放量的一半，因为它们消耗的电量大于发电厂总发电量的 3/4。全球范围内看，仅商业建筑的耗电量就已经达到了 1980 年的 3 倍，到 2030 年，有望再增加 50%。水、电、原材料以及自然资源的消耗剧增，再加上污染和浪费现象，我们除了要求政府出台针对建筑业主的强制规定外别无选择。有些州已经颁布了大范围实施绿色建筑标准的法律法规。例如，《纽约绿色建筑法》要求新建市政大楼以及既有建筑的扩建和改造工程必须满足绿色建筑标准。《加利福尼亚法规》也对新建居民楼和居民楼扩建、改建，以及大部分商业楼设定了最低能效标准。这些法案的目的是为了最大化地降低能源和水资源消耗，提高空气质量，减少污染痕迹，从而提高建筑整体性能。《欧盟建筑能效指令》的目标是到 2020 年减少 20% 的能源使用。《能源独立和安全法案》（EISA）要求急剧降低化石燃料使用并倡导使用太阳能。随着这类规定的陆续出台，建筑业主不得不重新审视其建筑性能指标，并对建筑设计重新评价。在出台法规的同时，政府也在提供某些税收优惠，引导业主遵守法规。图 1.6 所示为一个用于绿色建筑分析的 BIM 模型。

通过 BIM，既有建筑业主可在建筑改造过程中做出明智的判断，使建筑满足更高的标准。除了符合法律规定外，业主还能利用 BIM 获得更多的经济、社会和环境利益。BIM 不能只作为设计、施工以及运维的信息模型，还必须将其作为能源分析的有效工具，帮助业主找到减

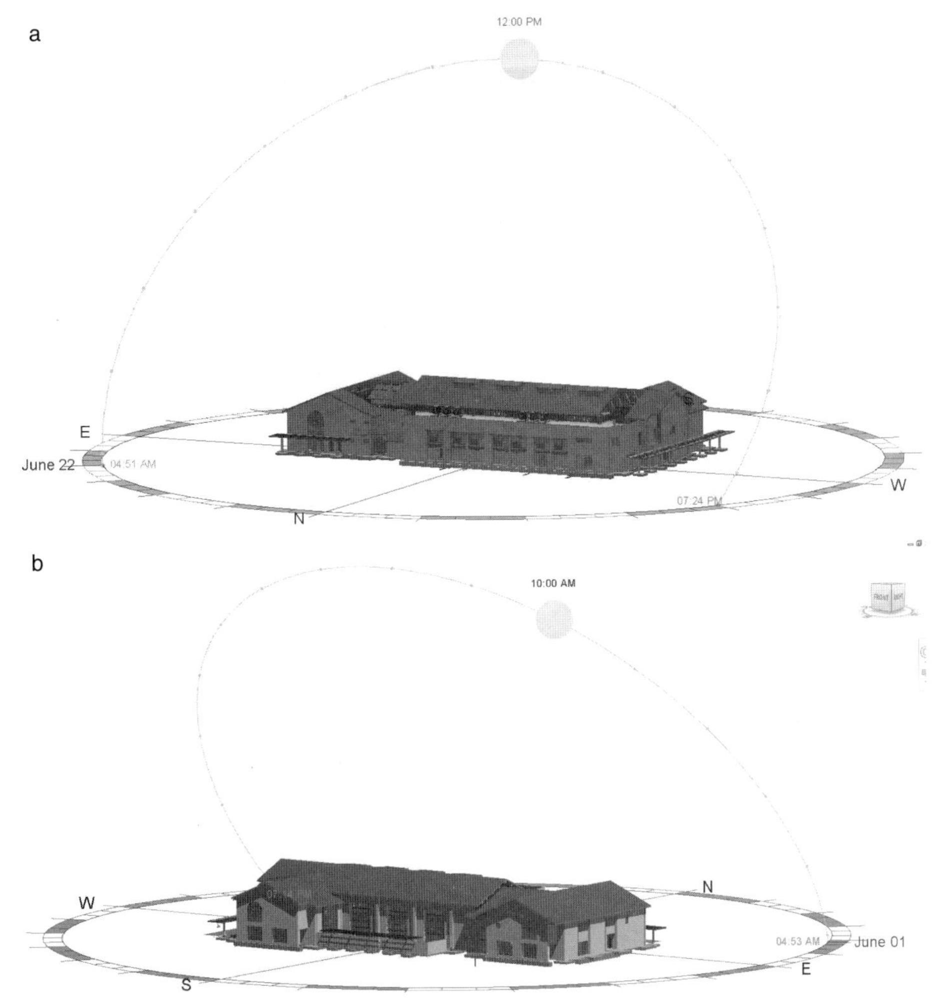

图 1.6 绿色建筑规划

少建筑资源消耗和废物排放的方法，提升施工现场可再生资源的利用。BIM 还能帮助各参与方快速达成共识，提升投资预期，提高建筑信誉从而增加投资者的信心，满足 LEED 认证对设计和节能的要求。

在设计开发阶段，BIM 分析工具可用来分析供暖、制冷需求以及自然采光情况。分析结果可以支持采用人工智能方法选择主要设备，使主要设备精确满足建筑需求、不消耗额外能源。业主在制定长期投资规划时，可将当地气候和电网资料作为基础数据，准确预测建筑能耗和碳排放水平。

借助 BIM，还可进行用水分析。通过水资源可持续利用模拟功能，可将回收水用于园林灌溉或其他目的，以此降低成本，减轻对自来水系统及污水系统的压力。通过评估雨水系统应用效果及模拟采集系统性能，不仅可以建成环境友好型建筑，还能为 LEED 认证加分。

在重建过程中，业主通常需要跟建筑师反复交流，以便拿到正确的图纸；获取所有的竣工信息、操作指南和所有设备的质量保证书；以及确认使用的图纸是否正确。随后，业主不得不通过猜测才能勉强看懂这套图纸。这时利用互操作性较高的 BIM 软件会使流程变得十分简便。只要使用激光扫描整栋建筑的外观、内部设置，以及所有的机械、电气和管道系统，就会立刻生成竣工模型。为扫描的模型输入相关建筑信息后，就可使用模型进行能耗分析。使用激光扫描建模，建筑能耗评估只需要少量的经费在较短的时间内就能完成，有助于发现碳排放量高的建筑，实现碳排放量的减少（图 1.7）。

34

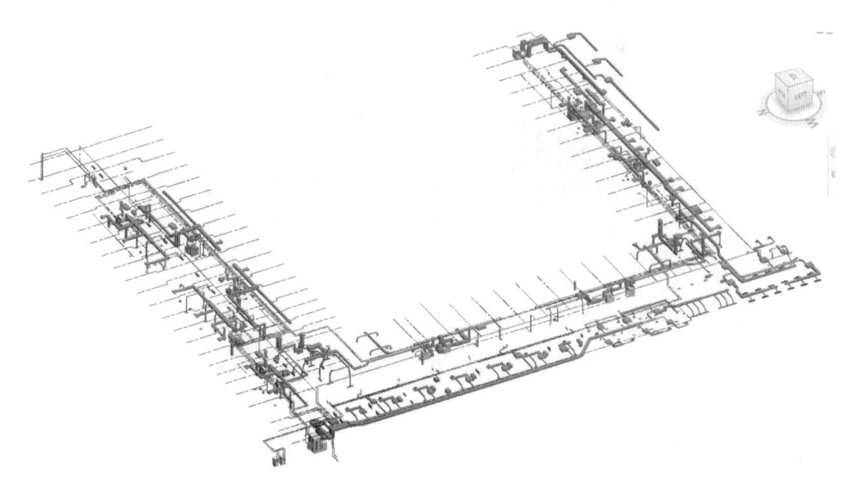

图 1.7 MEP 管道图

对于拥有多栋建筑的业主，在作任何决定之前，可先用 BIM 评估、分析单栋建筑能效，然后再完成整体环境与经济影响评估。评估会使业主对整个建筑组合性能有更深层次的了解。这样有助于列出改建项目的优先顺序，率先改造影响力最大的建筑。

通过使用 BIM 建模和分析工具，可随时查看准确的建筑信息，业主对自己的建筑更加自信，能够简洁明了地向其他参与方和决策人员解说改建提案。通过 BIM 模型，最终决策者可在建筑中自由穿梭，观察改造效果，体验空间感受。这将使他们对项目有更深入的了解，容易对可能出现的问题达成共识。图 1.8 显示了一座建筑走廊的虚拟视图。

35

图 1.8 业主在建筑走廊中漫游

预防性维护

业主不是仅仅只关注设计与施工的BIM应用。BIM是一种设计、施工和设施信息的数字化表示，经过各参与方之间的传递，最终提交给业主。BIM软件生成的数据库包含了分析设施运维状况所需的全部信息。这些数据还可与其他数据库连接。BIM到底能为业主带来多少价值？答案是没有极限。BIM可用来管理整个建筑的数据，能够实现信息更新，并将信息保存在多个维度。若在项目早期就能确定BIM应用目标,则业主可为建筑元素定制 满足任一详细程度(LOD)的数据录入。例如，资产识别功能，可允许业主追踪资产折旧。建筑元素的任何相关信息都可用非图形表格输入，并可与任一运维软件相连。这些数据可为预测性或预防性维护提供支撑。可以创建一个时间表，在任何机械部件超过一定的时间间隔后发出警报，提醒维护人员留意。BIM还可生成竣工楼层平面图和立面图，并能生成任何改建项目任何楼层任何房间墙面涂料颜色。若建模恰当，BIM还能生成保修列表，包括设备制造商、保质期和设施维护相关信息。

36

很多翻新项目都包括设施转移和空间再分配问题。设施经理通常都是参照一系列不确定准确与否的竣工图纸工作（或需要与最初的建筑师交流）。图纸的准确性通常取决于建筑年限以及建筑入驻情况。更惨的是，在缺乏竣工图纸的情况下，设施经理要重新制作图纸，相对于拥有BIM的建筑来说实在是费时费力。若没有竣工图纸，使用3D激光扫描设备可以轻松获取建筑的几何信息。许多经常执行搬迁计划的设施经理发现获取设施最新信息并将其呈现在BIM中非常有用。没有房屋产权的租户也可以使用业主提供的BIM轻松地进行空间管理。

BIM提供了建筑生命周期内高端的3D建筑空间可视化效果。BIM模型的数据库可与空间管理软件连接。空间管理软件可进行三维规划并能进行空间模拟漫游，如图1.9所示。业主可通过多步操作查看和追踪资产去向。在遇到保险索赔或纠纷调解的情况下，对于业主来说，展示早年改建和扩建工作开始之前的建筑模型会有很大帮助。

BIM数据库还允许对以往所做的所有决策进行分析，为将来的设计提供可靠的依据。

37

图 1.9 在空间中“漫游”

章节要点总结

- BIM是一个具有物理和功能特征的建筑信息的数字数据库，可在多维空间查看建筑信息。
- BIM允许组织像在现场施工那样建造虚拟建筑，有效改进施工流程效率。
- 模型中含有丰富的数据，整个建筑的生命周期内都能使用。

38

- BIM可为现有建筑创建竣工文档，生成空间报告，进行空间管理和住户管理，也可评估设计提案是否满足计划需求。
- 尽管业主知道所有的实际情况和相关数据，但他们仍然接受整体施工的浪费并接受在估算、预算、费用、意外开支等费用中包含由于浪费产生的支出。
- 建筑业主对在施工和运维中实施BIM具有专门需求。
- 通过采用新的项目交付方法，打破常规方式，让参与团队在一把伞下齐心协力协同工作，业主既可保护自身的利益又可以实现既定目标。
- 要提高项目交付效率，需要更好的信息整合和流程优化，整个工作流程必须达到高度协同。
- 集成项目交付（IPD）是伙伴关系模式（partnering）的最初始化方法，从项目开始之初就利用所有团队成员的智慧、经验和输入。
- 在实施IPD时，所有的团队成员都要发挥自己的想象力，最大程度挖掘BIM应用潜力。
- IPD过程通常贯穿于建筑的整个生命周期，从设计到安装再到项目完工。
- 采用IPD时，项目团队共担风险、同享收益。
- 精益过程是指减少浪费（时间、材料和劳力）、提高价值的过程或哲学。
- 通常，精益过程减少了源自工程变更、信息流通不畅、返工等产生的浪费。
- 一个错误观念是，BIM在IPD中应用才能有效。

39

- 精益过程可在实施变更不需花费过高成本的时间节点及早发现变更问题，从而实现项目总成本的节省。
- BIM向业主提供决策支持数据，使他们可以在施工之前更好地了解设计变更的真实价值。
- 用户体验是科学的，在大多数情况下，用户群具有很强的预测能力。

第 2 章

项目不同参与方的 BIM 应用

在探讨 BIM 对建筑行业的影响之前，有必要了解 BIM 的多种应用方式。BIM 应用目标的不同使得各参与方产生不同的观点。业主应当清楚地意识到，各参与方创建的 BIM 模型的目的是自身使用和受益的。比如，建筑师是为了自身的利益而不是为承包商而创建模型。大多数情况下，各参与方的 BIM 建模并非是为了从业主方收取报酬。正是由于这个原因，为业主提供第三方 BIM 咨询服务的现象正变得越来越普遍。本章内容主要涉及以下四个主要方面的 BIM 应用：

- 建筑师的 BIM
- 承包商的 BIM
- 建筑产品制造商的 BIM
- 业主的 BIM

政府组织，例如总务管理局（GSA）、美国陆军工程兵团（USACE）和海军设施工程司令部（NAVFAC），已经开始要求当前实施的项目运用 BIM，并将其称作“BIM 驱动力”原则。建筑行业很多单位已经开始 BIM 标准的实践工作。此外，美国国家建筑信息模型标准（NBIMS）已经声明当前版本为“使用计算机可识别的信息模型执行新旧建筑设施规划、设计、施工、运行和维护流程，其中包含了在全生命周期过程中所创建或获取设施信息的相关标准。”

42

尽管建筑业主要关注于 BIM 建模的标准化，但更需要关注于处理“M”的问题——即模型本身互用性与协同性的流程的相关标准，而对于“I”所代表的信息的互用性与协同性并未建立起实用的标准。标准的不统一使得建筑公司在面对各种不同类型的 BIM 应用时急需相关的指导。尽管很多业主认为企业独有或个性化标准带来的益处是排他性的，但实际上经验告诉我们，标准化程度较高的行业往往比采用个性化标准的行业获益更多。供应商总是会将应用标准的成本纳入到报价之中，因此让供应商降低价格变得更加困难。标准化导致了人员价格的商品化，也提升了技术所带来的效益。

行业中已经开始普遍意识到在传统模式下业主 / 经理（例如政府机构）、设计师和建造者基于 BIM 的协同合作存在障碍。如参照传统的惯例，州工程师协会授权的结构工程师须在图纸上加盖印章，以防止模型被传输给其他方或被用作公共数据。在可预见的将来，建筑行业的相关法律 / 职责还是沿用传统的规则，即双方之间的工作内容以传统手写和二维（2D）图形形式（例如：合同、说明和 2D 图纸）进行交付。

即使面对这些障碍，BIM 仍然显示出它在建筑规划、设计、施工和运维方面的优势。例如，设计师用 BIM 来更高效地进行图纸绘制，提高设计质量并更方便地进行图纸更新（例如：3D 模型能自动生成包含详细信息的 2D 平面图）。另一个例子是建造者在验证建筑准确性、检 43 查合同文档以及协同规则时，可以将 2D 图纸“翻模”为 BIM 模型。业主和设施经理已经看到了 BIM 在控制工程造价、招标文件质量、设施生命周期管理以及减少法律纠纷方面的潜力。毫无疑问，BIM 能够供多方有效利用，在高风险的项目中减少意外的发生。

为了实现 BIM 在业主 / 管理团队、设计师和施工方之间的协同工作，需要采用一份针对模型中包含的信息 (不是模型本身) 为核心的实用标准。这些标准应当根据形式、功能、建筑元素、工作成果和产品等信息来编制，从而可使每一方都能利用这些信息来更好地满足自身的需求和减小风险。

在建造的全过程需要记录每个参与方的信息状态并以标准的数据格式来存储，这样做的目的是将存储文件作为参照，保护每个发布者提供的数据版权和安全。因此，格式标准化使得信息可供其他方提取用于分析，并使之前的格式得以保留——这是为了保护原始信息不被改变。

实用的 BIM 标准必须关注现有的行业信息标准，例如建筑规范协会的标准格式，国家标准协会的统一格式（NISTIR 6389），以及 OmniClass 建筑分类系统（ISO 12006-2）。标准还应该涉及不可编辑的文件格式，例如 Autodesk 的设计 Web 格式（DWF），Adobe 的 3D 可移植文档格式（PDF）和可扩展标记语言（XML）。

建筑师的 BIM

建筑的设计过程包括四个阶段：策划阶段、方案设计阶段、扩初设计阶段和施工图设计阶段。

44 1. 策划阶段是指确定建设“方案”或者建筑产品必要需求的阶段。

2. 一旦项目的方案确立，焦点就从项目方案转向建筑师的解决方案。方案设计阶段的关注点在于高水平的整体设计或“策划”。本阶段不需要太多考虑细节，而是要关注项目整体。

3. 在扩初设计阶段，方案设计经过完善形成最终设计结果。本阶段焦点从项目整体转移到项目的每个层次、空间和细节。这个阶段的特点在于业主、建筑师和施工团队间的互动交流。从深化设计阶段开始，业主目标的细节得以逐步实现。

4. 在施工图设计阶段，焦点从设计转移到施工文档（CDs）的创建上，施工文档是建筑师的主要交付成果，总承包商将利用这些文档来指导建筑施工。本阶段与业主的互动较少，更多的是与项目的其他咨询顾问进行交流，以及可能因为施工能力的问题导致设计变更，需要重点指出的是这个阶段通常来说是压力最大的阶段。

从建筑设计流程的四个阶段中，我们能够看到建筑师主要的交付成果是施工图纸文档。建筑师的 BIM 工作内容正是基于其交付成果和过程。很多年前，建筑师会用手绘草图来绘制方案。在建筑师提供基本构思之后，需要大量熟练的绘图者据此生成平面文件。绘图者将在建筑师的指导下工作，首先提供方案图纸，接下来是设计图纸。在这整个过程中，随着建筑逐渐最终成型，需要在绘图者和建筑师之间进行大量反复的沟通，因此仅仅设计图纸的绘制就将花费大量的人力与时间。一旦设计被确认，建筑师将着手施工图纸 / 文档的绘制。需要重新强调的是：施工图纸 / 文档是由建筑师创建，并由州及地方审批机构审批通过的，总承包 45 及分包商用其来指导建筑施工。在建筑师采用手绘方式的时代，一旦审批机构要求修改方案，就需要使用铅笔和橡皮进行人工更新（也可能需要通过多种机械工具来完成）。当这些方案提交审批时，审批机构有时要求提交多套方案，使得每个部门都有自己的一套文档进行审阅和标记。随着时间流逝，这一过程虽然已经实现自动化操作，但流程本身并未改变。随着 20 世纪 80 年代早期计算机辅助设计（CAD）的出现，这个过程逐渐得到了改善，而绘制图纸所需的人力与时间数量也减少了，因此从手绘到 CAD 的进步被证明为是一种行业转型升级。但实际上这种进步仅仅将原来由手工完成的工作——画直线、弧线和圆圈——转变为由电脑完成。CAD 提供了一种更为准确和方便的方式来绘制施工图纸，但 CAD 图纸并不具有智能性，只包含直线，弧线和圆。这些工作仍然由绘图者来执行，尽管 CAD 提供的“剪切粘贴”的功能提高了生产力，但导致了更多的错误。尽管这些错误能够快速得以纠正，但这对设计师的水平提出了挑战。由于平台功能的限制，用 CAD 不能实现数据分析以及质量管理功能。

CAD 直到前几年还主导着美国建筑师和工程师的应用软件领域。1987 年，Graphisoft 公司的 ArchiCAD 软件作为 BIM 软件初次登台，但一直以来只占有一小部分软件市场，因为它缺乏从 CAD 进行数据转换的能力，而且当时行业内也并未产生 BIM 应用的需求。随着软件能力的大幅提升和市场上对 BIM 的需求不断增加，目前 BIM 相关软件重新引起了人们的重视。硬件技术、视频技术和网络性能的提升使建筑、工程和施工（AEC）行业有条件采用 BIM 软 46 件。随着行业中 BIM 的出现，建造的工作过程发生了改变。传统的 CAD 仅仅为图形的表达，而BIM可以集成更多的智能属性。但可惜的是，大多数建筑公司并未充分利用这些新的特性，仍然关注于施工图纸的绘制，并倾向于将BIM作为说明设计意图的制图工具使用。简言之，对设计师而言，模型是为了呈现他们的建筑意图，而不一定是出于施工目的。由此可以看到这样一个事实，即建筑师没有关注如何用BIM实现模拟“建造”，因为他们认为建筑应该在真实的场地中进行建造。相反建筑师趋向于创建施工图纸和相关说明文档的工作，他们并不在模型中集成适用于施工的细节信息。

大多数公司在技术与施工知识方面都缺乏足够的经验，因而无法充分地利用BIM，这并不是理想的BIM应用方式。除施工文档以外其他任何的交付成果并不在建筑师的工作范围内，而且会增加建筑师职业负担和责任。建筑师的BIM模型是由建筑师为自身创建，唯一的目的就在于生成施工文档。这很好地利用了BIM的内置数据分析及质量管理的特性，建筑师实际上利用BIM创建了一套更高质量的施工文档。通过BIM与不同设计版本的平面视图链接可以实时查看设计改动，这个功能对建筑师是非常有益的。同时，利用碰撞检查以加强专业协同的方式同样驱使更高水平的施工文档产生。以建筑师处理模型中的墙体为例，如果研究建筑师创建的大量模型样本，我们会发现几乎每面墙都被创建为活动墙。活动墙是区分租户与租户之间以及公共走廊之间空间划分的边界。然而，现实世界中建筑并不是这样建造的。需要再次强调的是，建筑师并不关心工程量的准确性，只关心绘制出施工图纸，因为工程量只对总承包商和分包商有重要意义。总承包商需要订购建筑施工所需要的材料，如果总承包商有准确的工程量，那么就只需购买施工必需的材料，而无须为那些不需要使用的材料买单。总承包商手下有预算员，他们唯一的工作就是审阅施工文档以确定工程量。这是一个很好的例子来说明为何不准确的墙体模型会影响工程量和造价。此外，施工图纸是必须经过批准才可用于施工的文档，但使平面图纸通过审批与能根据这些图纸进行施工是两个截然不同的问题。如果建筑师将所有墙体都设为活动墙，在图纸中并没有区别，因为它们仅仅是用直线和圆表示的。

47

典型案例

伊利诺伊州的一家主要针对老年生活空间设计的建筑公司引进了医学专业人员来帮助他们进行更好的设计。这些专业人员是项目的利益相关者，站在业主的角度对空间的使用提出要求。建筑公司让这些专业人员介绍思路，以便更好地了解哪些方案需要改变，以及应该如何改进设计成果。这种工作方式改变了业主对待项目的方式，并成为流程以及商业计划中的一部分。这种方式的本意是使设计阶段的BIM成果更完善，但实际生成的BIM模型并未对施工产生实际作用。

承包商的 BIM

48

BIM 为承包商提供了在施工设备进场前识别出设计文档存在的问题的能力。为实现这一目的，承包商必须根据施工图纸和说明利用 BIM 在计算机中实现建筑的虚拟“建造”，以发现任何可能出现的问题，这也被称作为施工可行性模拟。相比其他团队，承包商更倾向于利用 BIM 进行施工过程的模拟。通过在计算机上模拟施工过程并预测施工结果，承包商能够发现可能影响造价、进度和质量的风险点。也就是说，他们在施工前就可获取到决策支持数据。为此，承包商必须配备熟悉施工过程的建模人员，因为 BIM 的创建必须反映真实的施工状态。通过这种方式，很多设计问题能够被核查出来，而这些在 2D 图纸中通常是很难发现的。举例来说，假如建筑施工文档已经审批通过，但在施工前，承包商出于验证施工可行性的目的决定创建 BIM 模型。随着建模工作的深入，建模人员发现在这座十层的建筑中，每个楼层在同一区域都有一间会议室，但每个楼层的墙体中有交叉支撑结构，阻挡了会议室开门的位置。在此之前谁都没有注意到这一设计问题，因为所有人都关注 2D 平面而不是 3D 模型。通过建筑施工的方式创建 BIM 模型，承包商能够在施工开始前发现设计问题并将其解决。最近的研究表明，在施工过程中 BIM 建模和应用每推迟一个阶段，纠正施工问题的成本会以 10 倍系数增长——事实证明了用鼠标移动墙体比用手提钻移动更为便宜且简单。

典型案例

49

最近有一个大型机场的航站楼项目，是由三个总承包商联合承包的，因此大多数费用由三方共同承担。在这个案例中，每个承包商都有 BIM 应用的能力。但由于 BIM 应用费用很高，三方都不愿承担此部分费用。由于施工项目的规模较大，总承包商花费了大量时间去制定计划，最终意识到无法依靠自身的力量完成所有的建模工作，因此决定让分包商和供应商进行 BIM 建模，满足 BIM 应用要求。在本项目中，总承包商并没有进行任何建模，仅要求分包商提供 BIM 成果（管道，石膏板，吸声顶棚等）。在交付过程中，各供应商对各自交付的部分进行建模的现象正变得越来越普遍，比如管道专业（图 2.1）。

联合经营方通过 BIM 的方式沟通，提交的成果也是 BIM。由于项目规模的巨大，可以预期到石膏板承包商（并不是小承包商）将在项目中充分发挥 BIM 能力。在本例中，业主和总承包商宣称如果某个机构不愿意采用 BIM，那么它就没有必要参与投标。项目的成果是多样的，对 BIM 的硬性要求会强迫很多分包商在没有能力的情况下仍然提供 BIM 模型，这从本质上来说是其他参与方在业主身上学到了 BIM。提升 BIM 的应用比例对于行业而言是有积极意义的，但很

图 2.1 建筑管道系统的 BIM 模型

多人认为 BIM 带来的益处受到了团队经验的局限，很多分包商声称对 BIM 进行的投资使得他们在这个项目中无利可图。

50

建筑产品制造商的 BIM

建筑产品制造商的 BIM 模型包含大量有关产品的信息。建筑产品制造商（BPMs）希望建筑师和总承包商能够快速地将他们的产品信息放进 BIM 模型中。这种产品数据的集成能力大大提升了他们的产品在建筑中被采用的可能性，因此可以提高产品销量。建筑产品制造商（BPMs）创建 BIM 最好的一个案例来自 Trane。Trane 是美国为商业和私营部门项目提供暖通空调（HVAC）设备的主要销售商。对于 Trane 来说能够向机械承包商提供设备的准确模型十分重要，因为产品能在模型和施工图纸中进行详细标注说明。建筑产品制造商（BPMs）提供产品信息越多，该产品越有可能被建筑采用。建筑产品制造商（BPMs）还需考虑建筑全生命周期的应用，如果提供足够的产品信息，业主的模型中将包含重要的保修及维护信息以供进行设施管理，建筑交付后这些信息将对业主大有帮助。笔者更倾向于将 BIM 视为业主的工作手册。人们花费 2 万美元购买轿车，汽车制造商为他们提供使用手册。业主花费 5000 万美元在建筑上，而通常他们会获得一箱子的图纸（有些上面还会有咖啡痕迹或脚印），或者可能获得一些记录电子图纸的光盘。业主有些时候可能会得到建筑内所安装产品的保修信息，但通常情况下不会。当 BIM 中包含了建筑产品制造商（BPMs）的信息，业主将最终获得“期待已久”的业主手册。建筑产品制造商（BPMs）有机会将 BIM（建筑信息模型）升级为建筑智能模型。目前，大多数 BIM 受“垃圾信息”现象的影响，无法被用来智能分析。因此，至关重要的一点是 BIM 需要融入产品专业知识以及经济信息，从而成为高质量的制造商专用模型，例如窗、门（图 2.2）、管道、风扇、冷却装置和照明设备能与相关数据进行集成，BIM 的智能性将大为提升。 51

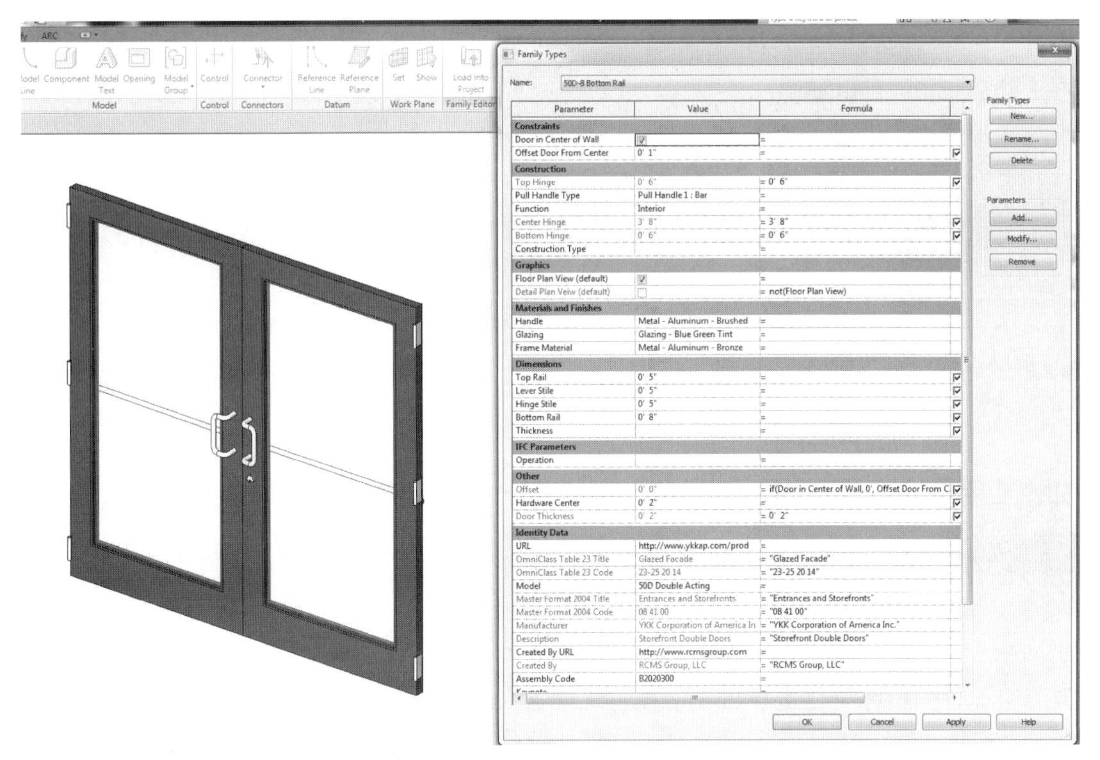

图 2.2 门的 BIM 对象

在设计初期简单的 BIM 模型可能还有一席之地，如果 BIM 模型要在后期用于投标或建造，就需要对“垃圾信息”模型加以改造。由建筑产品制造商（BPMs）添加的“智能”BIM 元素将以四种方式极大地促成项目成本的降低：（1）自动统计工程量；（2）优化交付流程；（3）加强与 BIM 产品的协同（图 2.3，用 BIM 库工具生成的目录）；（4）支持进行绿色设计，嵌入的 BIM 对象带有相关的绿色属性。我们将逐一讨论这四种方法，并说明如何采用这四种方式节省数以亿计的成本。

52

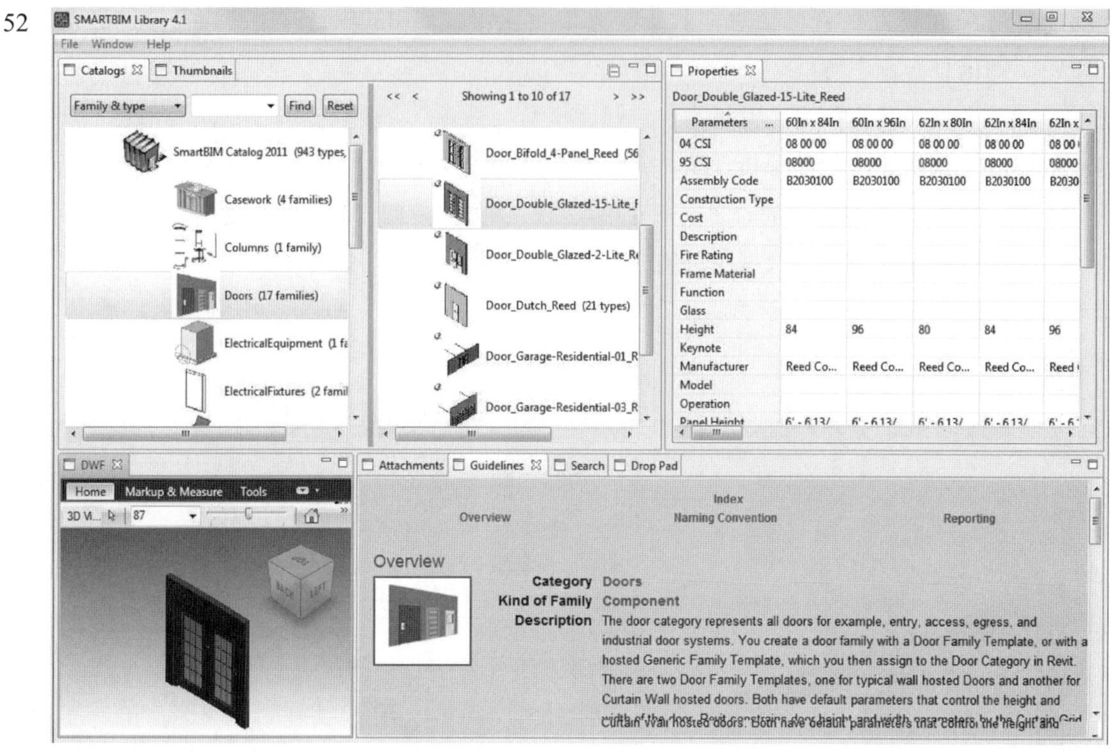

图 2.3 智能 BIM 库 4.1 界面

BIM 工程量统计

首先，BIM 工程量统计功能对工程起到巨大的作用，建筑师和工程师在应用 BIM 的过程中使用 BPMs 提供的 BIM 对象，将传统模式下需要进行上百次的工程量统计工作降为一次，为业主、建筑产品制造商（BPMs）和分包商节省大量金钱。每年，美国招标的 10 万个设计—招标—建造项目在工程量统计上大约花费 300 亿美元，建筑师和工程师可以利用 BIM 节约其中的很大一部分（设计—招标—建造项目在过去几年有所增加，而设计—建造项目则由于非政府资助项目的原因而减少）。如今，超过 90% 的设计—招标—建造项目已经将图纸上的产品信息与建筑产品实际编号进行匹配。工作模式就是由建筑师与工程师为一栋建筑挑选合适的建筑产品，相关产品的 BPMs 和分包商负责对产品工程量进行统计。反复识别、计算 / 测量和定位项目上所用产品的信息的工作导致了时间和金钱的浪费。如果这种重复工作被优化，至少可以为业主、BPMs 及其代表、总承包商和分包商节约 200 亿美元。建筑师与工程师可以对工程量统计（图 2.4）工作收取项目总成本 1% 到 2% 的费用，或每年 30 亿美元的额外费用，其他参与方也可借助 BIM 实现成本的节约。

53

05 Structural Framing					
Assembly Cod	Assembly Description	Count	Type	Volume	Weight (tons
05 12 00.02	Structural Steel Framing W, Wt Shapes - ASTM A992	6	W10X22	4.5 CF	1.11
05 12 00.02	Structural Steel Framing W, Wt Shapes - ASTM A992	3	W10X30	3.52 CF	0.87
05 12 00.02	Structural Steel Framing W, Wt Shapes - ASTM A992	96	W12X14	31.16 CF	7.71
05 12 00.02	Structural Steel Framing W, Wt Shapes - ASTM A992	20	W12X16	12.69 CF	3.14
05 12 00.02	Structural Steel Framing W, Wt Shapes - ASTM A992	11	W12X19	5.97 CF	1.48
05 12 00.02	Structural Steel Framing W, Wt Shapes - ASTM A992	11	W12X26	5.93 CF	1.47
05 12 00.02	Structural Steel Framing W, Wt Shapes - ASTM A992	2	W12X45	4.47 CF	1.11
05 12 00.02	Structural Steel Framing W, Wt Shapes - ASTM A992	10	W12X152	387.67 CF	95.95
05 12 00.02	Structural Steel Framing W, Wt Shapes - ASTM A992	81	W14X22	57.39 CF	14.20
05 12 00.02	Structural Steel Framing W, Wt Shapes - ASTM A992	13	W14X30	6.99 CF	1.73
05 12 00.02	Structural Steel Framing W, Wt Shapes - ASTM A992	20	W16X26	18.25 CF	4.52
05 12 00.02	Structural Steel Framing W, Wt Shapes - ASTM A992	12	W16X31	12.64 CF	3.13
05 12 00.02	Structural Steel Framing W, Wt Shapes - ASTM A992	13	W16X36	18.92 CF	4.68
05 12 00.02	Structural Steel Framing W, Wt Shapes - ASTM A992	13	W18X35	20.49 CF	5.07
05 12 00.02	Structural Steel Framing W, Wt Shapes - ASTM A992	4	W18X40	9.24 CF	2.29
05 12 00.02	Structural Steel Framing W, Wt Shapes - ASTM A992	36	W18X50	33.94 CF	8.40
05 12 00.02	Structural Steel Framing W, Wt Shapes - ASTM A992	19	W24X55	85.14 CF	21.07
05 12 00.02	Structural Steel Framing W, Wt Shapes - ASTM A992	5	W24X62	18.86 CF	4.67
05 12 00.02	Structural Steel Framing W, Wt Shapes - ASTM A992	9	W24X68	37.61 CF	9.31
05 12 00.02	Structural Steel Framing W, Wt Shapes - ASTM A992	3	W24X76	19.2 CF	4.75
05 12 00.02	Structural Steel Framing W, Wt Shapes - ASTM A992	2	W27X84	11.17 CF	2.77
05 12 00.02	Structural Steel Framing W, Wt Shapes - ASTM A992	1	WT12X47	9.69 CF	2.40
05 12 00.02	Structural Steel Framing W, Wt Shapes - ASTM A992	1	WT12X65.5	13.39 CF	3.31
05 12 00.04	Structural Steel Framing C, M, S, Shapes, Angles & Plates- ASTM A36	20	1/2X7	7.2 CF	1.78
05 12 00.04	Structural Steel Framing C, M, S, Shapes, Angles & Plates- ASTM A36	6	1/2X8	1.01 CF	0.25
05 12 00.04	Structural Steel Framing C, M, S, Shapes, Angles & Plates- ASTM A36	62	C6X8.2	6.88 CF	1.70
05 12 00.04	Structural Steel Framing C, M, S, Shapes, Angles & Plates- ASTM A36	22	L3-1/2X3-1/2X1/4	1.69 CF	0.42
05 12 00.04	Structural Steel Framing C, M, S, Shapes, Angles & Plates- ASTM A36	24	L3-1/2X3-1/2X3/8	2.62 CF	0.65
05 12 00.04	Structural Steel Framing C, M, S, Shapes, Angles & Plates- ASTM A36	75	L3X3X1/4	4.09 CF	1.01
05 12 00.04	Structural Steel Framing C, M, S, Shapes, Angles & Plates- ASTM A36	52	L4X3X1/4	0.8 CF	0.20
05 12 00.04	Structural Steel Framing C, M, S, Shapes, Angles & Plates- ASTM A36	3	L5X5X5/16	4.93 CF	1.22
05 12 00.04	Structural Steel Framing C, M, S, Shapes, Angles & Plates- ASTM A36	156	L6X4X5/16	1.27 CF	0.32
05 12 00.06	Structural Steel Framing HSS Rectangular & Square - ASTM A500 Grade B	5	HSS2-1/2X2-1/2X1/4	3.8 CF	0.94
05 12 00.06	Structural Steel Framing HSS Rectangular & Square - ASTM A500 Grade B	62	HSS3X3X1/4	6.27 CF	1.55
05 12 00.06	Structural Steel Framing HSS Rectangular & Square - ASTM A500 Grade B	20	HSS3X3X1/4	3.29 CF	0.81
05 12 00.06	Structural Steel Framing HSS Rectangular & Square - ASTM A500 Grade B	82	HSS4-1/2X4-1/2X1/4	5.91 CF	1.46
05 12 00.06	Structural Steel Framing HSS Rectangular & Square - ASTM A500 Grade B	54	HSS4X3X1/4	12.46 CF	3.08
05 12 00.06	Structural Steel Framing HSS Rectangular & Square - ASTM A500 Grade B	7	HSS4X4X1/4	0.08 CF	0.02
05 12 00.06	Structural Steel Framing HSS Rectangular & Square - ASTM A500 Grade B	160	HSS4X4X1/4	3.73 CF	0.92
05 12 00.06	Structural Steel Framing HSS Rectangular & Square - ASTM A500 Grade B	7	HSS4X4X3/8	4.57 CF	1.13
05 12 00.06	Structural Steel Framing HSS Rectangular & Square - ASTM A500 Grade B	37	HSS5X5X1/4	2.17 CF	0.54
05 12 00.06	Structural Steel Framing HSS Rectangular & Square - ASTM A500 Grade B	8	HSS8X4X1/4	0.45 CF	0.11
05 12 00.06	Structural Steel Framing HSS Rectangular & Square - ASTM A500 Grade B	16	HSS8X8X3/16	7.66 CF	1.90
05 12 00.06	Structural Steel Framing HSS Rectangular & Square - ASTM A500 Grade B	16	HSS12X6X1/4	11.6 CF	2.87
05 12 00.06	Structural Steel Framing HSS Rectangular & Square - ASTM A500 Grade B	47	HSS12X8X5/8	111.64 CF	27.63
05 12 00.06	Structural Steel Framing HSS Rectangular & Square - ASTM A500 Grade B	81	HSS12X12X1/2	193.6 CF	47.92
05 12 00.08	Structural Steel Framing HSS Round - ASTM A500 Grade B	14	HSS8.625X0.322	13.54 CF	3.35
05 12 00.08	Structural Steel Framing HSS Round - ASTM A500 Grade B	16	HSS8.625X0.500	27.46 CF	6.80
05 12 00.08	Structural Steel Framing HSS Round - ASTM A500 Grade B	2	HSS10X0.625	6.09 CF	1.51
B10	Superstructure	2	C6X8.2	0.61 CF	0.15

图 2.4 工程量统计

在美国，设计—招标—建造项目中工程量统计的费用达 300 亿美元，这一数字大于向建筑师与工程师支付的近 200 亿美元费用。通过对每年正在招标的项目进行分析（超过 10 万个），会发现至少 350 位建筑产品制造商（BPMs）代表和供应商、300 个行业分包商以及超过 20 个总承包商必须为每个招标项目进行工程量统计。这些设计—招标—建造项目的平均规模为 300 万美元，考虑到造价的 10% 被用来进行工程量统计，则保守估计超过 665 家公司需要花费 30 万美元进行工程量统计。 54

难以想象超过 350 个独立 BPMs 为每项工作进行工程量统计，但对这种情况有一种解释：之所以有超过 350 个独立建筑产品制造商（BPMs）为一个相对较小的 300 万美元项目投标，是因为 6000 家建筑产品制造商（BPMs）代表通常被分为 5 个不同类型。因此，有超过 1200

位独立 BPMs 代表可能对项目投标（6000 除以 5 等于 1200）。他们有责任向合适的总承包商或专业分包商的每项工程提交投标（例如，机械工程师会指定一款吊扇并向机械承包商们招标）。工程量重复统计的一个例子是，一个建筑项目中的每个风扇都会由超过 10 位机械制造商代表及超过 15 位机械承包商进行统计。在美国，工程量统计的过程非常复杂。每年，各个窗户、地毯、顶棚类型、门、风扇、空调单元、扩散器、照明设备（图 2.7）等等在超过 10 万个正进行投标的工程（例如，学校、医院、教堂、消防站、监狱（图 2.5 和图 2.6）、废水处理工厂、公寓楼等）中进行重复统计或测量。

55

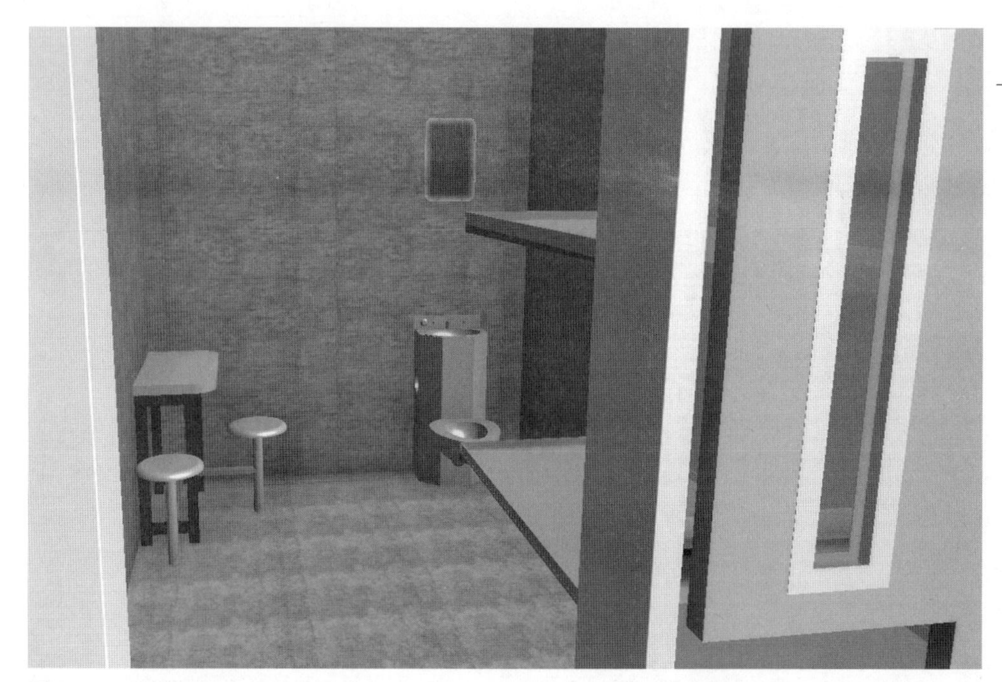

图 2.5 监狱单元的 BIM 展示

图 2.6 监狱的 BIM 模型

图 2.7 BIM 对象——照明设备

美国的建筑师 / 工程师有机会通过在他们设计—招标—建造项目中进行工程量统计赚取 1% 到 2% 的额外费用（这是欧洲的设计团队提供此服务的费用比例，他们定期对项目进行工程量统计）。这些工程量统计可以通过“智能”的 BIM 模型和软件进行。图 2.8 中展示了基于 BIM 的工程量统计的案例，这代表了整体工程量统计的一部分。

56

SMARTBIM QTO Building Type: Apartment, low rise Area: 40000 Sq Ft. Estimate Cost Refresh QTO Highlight Off

Project: Project Name-Project Number Construction Cost: $560,371

Element Tree: Project Name-Project Number, Casework, Columns, Conveying Equipment, Curtain Panels, Curtain Wall Mullions, Doors, Electrical Systems, Existing Conditions, Exterior Improvement, Finish Carpentry, Finishes, Fire Suppression, Floors, Furnishings, Furniture, General Conditions, Generic Models, Lighting Fixtures, Metals, Openings, Plumbing, Plumbing Fixtures, Railings, Roofs, Specialty Equipment, Stairs, Structural Foundations, Structural Framing, Thermal and Moisture, Walls, Windows

Category	Family	Type	Unit	Manufacturer	Model	Quantity	Cou	Unit Material	Unit Install	Unit Total C	Material Cost	Install Cost	CostLI	Total Cost
Walls	Basic Wall	Generic - 203	SF			1,182.14	6	6.20	15.86	22.06	7,329.26	18,748.71	R	26,077.97
Walls	Basic Wall	Foundation - 305 Concr	SF			524.68	5	9.05	12.48	21.53	4,748.34	6,547.98	R	11,296.32
Walls	Basic Wall	CORR	SF			1,408.21	7	6.20	15.86	22.06	8,730.87	22,334.14	R	31,065.02
Walls	Curtain Wall	Storefront	SF			484.55	3	18.10	24.96	43.06	8,770.26	12,094.24	R	20,864.51
Walls	Basic Wall	Interior - Partition	SF			1,275.87	20	1.75	6.82	8.57	2,232.77	8,701.41	R	10,934.17
Walls	Basic Wall	translucent wall	SF			35.02	1	6.20	15.86	22.06	217.10	555.35	R	772.45
Walls	Basic Wall	Interior - 165 Partition (	SF			278.52	2	1.75	6.82	8.57	487.41	1,899.52	R	2,386.94
Walls	Basic Wall	Generic - 305	SF			574.09	2	6.20	15.86	22.06	3,559.36	9,105.08	R	12,664.44
Stairs	open treads	open treads	EA			1.00	1	8,275.00	1,747.00	10,022.00	8,275.00	1,747.00	R	10,022.00
Stairs	178 max riser 279 tread	178 max riser 279 tread	EA			2.00	2	8,275.00	1,747.00	10,022.00	16,550.00	3,494.00	R	20,044.00
Railings	Handrail - Pipe	Handrail - Pipe	LF			28.26	2	0.00	0.00	0.00	0.00	0.00	R	0.00
Railings	Steel Rail - no offset	Steel Rail - no offset	LF			60.18	3	0.00	0.00	0.00	0.00	0.00	R	0.00
Doors	Single-Glass 1	915 x 2134	EA			1.00	1	740.00	395.00	1,135.00	740.00	395.00	R	1,135.00
Doors	Single-Flush	762 x 2134	EA			2.00	2	740.00	395.00	1,135.00	1,480.00	790.00	R	2,270.00
Doors	Double-Glass 1	1830 x 2134	EA			2.00	2	740.00	395.00	1,135.00	1,480.00	790.00	R	2,270.00
Doors	Window_Insert	Window_Insert	EA			14.00	14	1,125.00	390.00	1,515.00	15,750.00	5,460.00	R	21,210.00
Doors	Single-Flush	915 x 2134	EA			3.00	3	740.00	395.00	1,135.00	2,220.00	1,185.00	R	3,405.00
Doors	Single-Flush	813 x 2134	EA			3.00	3	740.00	395.00	1,135.00	2,220.00	1,185.00	R	3,405.00
Doors	Bifold-4 Panel	1830 x 2032	EA			4.00	4	740.00	395.00	1,135.00	2,960.00	1,580.00	R	4,540.00
Casework	Kitchen	Kitchen	EA			1.00	1	250.00	106.00	356.00	250.00	106.00	R	356.00
Casework	Bar	Bar	EA			1.00	1	250.00	106.00	356.00	250.00	106.00	R	356.00
Floors	Finish Floor	Finish Floor	SF			2,342.97	2	9.00	5.24	14.24	21,086.74	12,277.17	R	33,363.91
Floors	915 slab	915 slab	SF			184.96	1	9.00	5.24	14.24	1,664.61	969.17	R	2,633.78
Curtain Wall Mull	Rectangular Mullion	64 x 128 rectangular	LF			412.18	142	0.00	0.00	0.00	0.00	0.00	R	0.00
Curtain Panels	System Panel	Glazed	SF			295.65	44	14.45	10.65	25.10	4,272.10	3,148.64	R	7,420.74
Plumbing Fixture	Toilet-Domestic-3D	Toilet-Domestic-3D	EA			3.00	3	995.00	720.00	1,715.00	2,985.00	2,160.00	R	5,145.00
Plumbing Fixture	Sink Vanity-Square	508 x 445	EA			3.00	3	1,100.00	745.00	1,845.00	3,300.00	2,235.00	R	5,535.00
Plumbing Fixture	Tub-Rectangular-3D	Tub-Rectangular-3D	EA			2.00	2	1,300.00	450.00	1,750.00	2,600.00	900.00	R	3,500.00
Windows	Fixed	1219 X 915	EA			3.00	3	590.00	201.00	791.00	1,770.00	603.00	R	2,373.00
Windows	Fixed	406 x 610	EA			1.00	1	590.00	201.00	791.00	590.00	201.00	R	791.00
Windows	Fixed	915 x 1219	EA			2.00	2	590.00	201.00	791.00	1,180.00	402.00	R	1,582.00
Roofs	Metal Panels	Metal Panels	SF			1,574.07	1	1.12	1.66	2.78	1,762.95	2,612.95	R	4,375.91
Roofs	Generic - 229	Generic - 229	SF			315.72	1	1.12	1.66	2.78	353.61	524.10	R	877.71
Columns	Rectangular Column	140 X 140	LF			67.68	4	34.50	13.20	47.70	2,334.95	893.37	R	3,228.33
Structural Framin	C-Channel	C10X25	LF			298.48	9	30.87	20.12	50.99	9,214.20	6,005.50	R	15,219.70

Cost Summary Report

Details

General SmartBIM QTO Notes

1. The estimate process reviews each item exported from the Revit model (BOM - Bill of Materials) and finds similar items in the RS Means cost database (See #5 below). The search process is:
   a. Analyze the Revit Category, for example DoorsLook for the Assembly Code (Uniformat). The higher degree of detail the better the results. In some cases the Revit Assembly code is inconsistent with the RS Means Assembly Code for the same assembly, QTO logic will attempt to look for the correct assembly for calculating the costs.
   b. When appropriate, the resultant cost considers the size, volume, or weight of the item.
2. SmartBIM QTO does not:
   a. Use Manufacturer pricing even if the line BOM item indicates a Manufacturer and model number. (Only the RS Means databases are searched in this version of QTO).Use names you have assigned to an object or assembly.

Cost Summary

Total Material Cost	$ 215,905
Total Installation Cost	$ 232,392
Total Cost	**$ 448,297**
Contractor Fees (25%)	$ 112,074
Construction Cost	**$ 560,371**
Architectural & Engineering Fees (7%)	$ 31,381
Other Fees (0%)	$ 0
Total Building Cost	**$ 591,752**

图 2.8 工程量统计

工程量统计概念已经被世界上大部分地区所采用，并且在1928年被美国建筑师学会，美国联邦委员会美国社会工程以及美国总承包商协会提出和接受。在美国，建筑师和工程师负责工程量统计，并对这项重要工作收取商业项目1%以及住宅项目2%的费用，最终结果将纳入图纸作为交付成果的一部分。“在估算阶段消除浪费”的观点被一致认可，并作为成果中的一项内容。

本报告的目的在于使准业主和相关各方了解当前主流模式下工程的成本浪费情况和预估将要实施的项目费用。

57 为确定建设项目的造价，需要统计和汇总工程量清单表或评估每条清单项所需的材料和工作量。在现有模式下，这项工作是由所有被准许投标的承包商分开进行的，因此会有很多对方案和规范的不同解读。

致业主和投资者：

应注意所有与建筑规划及施工相关的费用都来自业主。业主们很清楚没有人会从事无回报的工作，但他们也许并未意识到，由于当前的做法，他们为所有投标准备工作支付了费用。通常，投标者提交的报价包括了为其他多个项目投标所支付的费用，简单地说，投标者的“费用”账目比他实际需要的成本多得多——而业主为此全部买单。为了消除预算工作中的重复项、减少承包商的费用，进而减少建筑的造价，要求所有的投标报价基于相同的核算标准，以方便建筑师和工程师对它们进行分析。

所有承包商应在统一的核算标准的基础上提交方案，业主可根据建筑师或工程师的测算，在向投标者提供图纸和说明文档时同时提供一份工程量清单。建议建筑师与工程师，除非由于特殊原因，否则所有交付给承包商的图纸和说明文档应附加工程量清单。同时建议中标者应在合同签订之前提交一份工料估算的复印件，其中包含每个项目的定价、管理成本的增项，以及构成投标价格的所有内容。

58 致建筑师和工程师：

如果经济形势不好，建筑师和工程师通过提供工程量清单而获利的方式就很难得到落实。若想实现通过工程量清单消除预算中的浪费，需要从建筑产品制造商（BPMs）获取BIM对象并实现基于BIM的工程量统计。建筑师和工程师可以为建筑产品的建筑产品制造商（BPMs）代表和专业分包商提供工程量和进度安排数据以收取额外的费用。显然，承包商和BPMs代表使用通用工程量清单不仅可以节约成本，还可以减少由于失误造成的法律责任和时间浪费问题。

BIM 建筑产品提交

制造商代表表示会花费30%的时间为投标和相关流程进行工程量统计工作。为使其产品被设计采用而获取收益，制造商代表会就产品的优势咨询建筑师和工程师。制造商代表与专业承包商同样需要花费时间了解产品安装和部署。产品的交付文件包括施工图纸、操作手册和安装信息。提交文档的主要目的是为了让设计师得知业主是否接受图纸和说明文档中要求的产品和材料，建筑师与工程师需要审核建筑产品，以便于保证产品符合项目要求。在 BIM 模型中使用 BPMs 提供的 BIM 对象，使得无纸化解决方案得以取代现存的费时又费纸的交付过程。对业主而言，BIM 解决方案可生成一个建筑产品的电子信息文档，数据统计和位置、性能、质保和维护的相关信息都包含在其中。过去大堆的纸质表单会提交至建筑师、工程师和业主，但由于缺少存储空间，这些资料通常会遗失或丢掉，如今这一新型的基于 BIM 的提交方式是一项很大的进步。 59

来自 BPMs 的 BIM 模型提供了一个巨大的机会来简化提交程序。举例来说，建筑师和工程师交付的说明文档可能要求包含所有的白炽灯照明设备。因此，承包商向 BPMs 代表分配了向建筑师或工程师提供文档的任务。接下来，BPMs 代表将需要审阅图纸并找到每一个白炽灯，然后准备提交相关文档。按照传统方式，这个过程需要进行人工统计以及人工整合数据，例如图纸、安装详图等等。通过使用基于 BIM 的工程量统计技术，白炽灯的识别与统计可在几分钟内就得以完成。

需要提交的文档能够从相关联的数据库中自动汇集，并随后通过电子文档的方式传输给设计师。这种方式为 BPMs 及其代表节约大量成本的同时也可以为建筑师和工程师提供更加准确、便利及完整的文档。类似的 BIM 流程能够用于改进“设计到制造”的流程，将允许建筑师为项目定制建筑产品。

与 BIM 产品库加强协作

由 BPMs 创建的 BIM 模型不仅仅在工程量统计和交付成果上很有价值，并且还有助于建筑师、工程师以及购买和使用建筑产品的施工方的协同工作。通常，每年有超过 6000 家全国性的和 6000 家地域性的美国 BPMs 花费超过 10 亿美元交付纸质的索引和二维 CAD 详图。虽然纸质文件和二维 CAD 详图仍有发展空间，但包含丰富制造商信息的 BIM 电子文档有着更大的前景。BPMs 提供的 BIM 对象文件可以插入到 BIM 模型中，从而构建一个有极大价值的虚拟建筑。另外，包含丰富数据属性的 3D BIM 对象支持搜索的功能，并可与其他模型对象进行比较（例如：门、窗、管道、空气处理机组、照明设备等）。所有数据都以电子格式存储，方便建筑师、工程师和建造者随时查询，为他们提供了一个强大的协同工具。一个独立制造商的代理商通常要代理至少五种类型的制造商的产品，因此需要一个完整的产品库，并能在建筑师、工程师、建造者、分销商和业主间进行共享——所有参与者都需要 BIM 产品库作为协同工具。 60

与过去 100 年内使用的纸质目录相比，多个不同制造商产品库构成的协同 BIM 库，提供了更为强大的媒介，这些库中包含了拥有细节属性的 BIM 对象，它们与说明、质保证书和安装指南关联（不仅用文字和一些纸质文档细节沟通，还有能够放进真实建筑环境进行模拟的 BIM 对象）。应用成本较低（占空间较少）的 BIM 库来提升协作和效率，对于当前的建筑公司来说无疑是一个明智的举动。

BIM 库管理软件是一个用于组织、管理、命名及调用 BIM 对象 / 族的应用软件。BIM 库管理软件还包括数以千计的 BIM 对象来协助建筑师和工程师高效地创建 BIM 项目。若要创建 BIM 模型和合同文档，建筑师和工程师必须可以访问 BIM 对象的集合，选择需要的 BIM 对象并插入到 BIM 模型中，因此每个项目可能会从资源库中选择上千个族。

这些 BIM 对象的应用对于建筑师和工程师来说可能是一个挑战。随着门、窗、设备等数量的增加，在 BIM 模型中查询、选择和移动这些 BIM 对象的工作量是十分惊人的。许多公司发现他们的 BIM 对象（包括通用的和制造商指定的构件）需要借助 BIM 库管理软件实现有序、便捷的访问。在应用过程中，不一致的命名规则带来了问题，很多相同的 BIM 对象在同一间办公室中被叫作不同的名字。更加具有挑战的是，目前甚至 61 有些还未完全建好的 BIM 对象（通用的或制造商指定的构件）需要插入进 BIM 模型，因此建筑师和工程师必须花费时间来为每个项目创建 BIM 对象，而这些对象很难被储存和重复利用。

BIM 库管理软件可以解决 BIM 对象操作相关的问题。该软件能够安装在建筑师的个人计算机、局域网或广域网环境中，它旨在通过一个简单的界面收集、存储和展示 BIM 对象。这个“智能的”BIM 软件还包括了命名导则，来协助建筑师和工程师实现对 BIM 对象统一且合理地命名。这一点非常重要，因为 BIM 模型将被用作工程量的统计和分析。此外，BIM 库管理软件包括上千个通用型和制造商产品的 BIM 对象，这会提高建筑师和工程师 BIM 应用效率。

目前建筑师和工程师使用 BIM 来创建一套图纸和说明以表达其设计意图的过程与作家写一本书类似。当前 BIM 建模的过程在有限的协同下完成，因为参与者只有建筑师和工程师。未来将看到模型由更多参与者协同创建，不仅生产出一套类似于书的二维图纸和说明，还有基于 BIM 模型的可视化三维动画视频。这些新的“参与者”将包括建筑师、工程师、产品制造商、总承包商、交付方 / 分包商和业主，这些“参与者”都将在创建和维护 BIM 模型的过程中扮演十分重要的角色。这些新的 BIM 模型将带来互动三维动画视频，它将记录建筑全生命周期的信息而成为业主十分重要的资产。举例来说，BIM 模型必须在建筑生命周期中不断地进行更新或建造，建筑师和工程师不仅从创作二维“BIM 书”中获益，还在“BIM 动画视频”中扮演十分积极的角色，他们参与 BIM 应用的全生命周期的工作，因此这将给予他们获取更多费用的机会。业主通过创建互动式三维动画格式（图 2.9）的协同流程获益，这些动画在建筑生命周期过程中将保持不断更新。

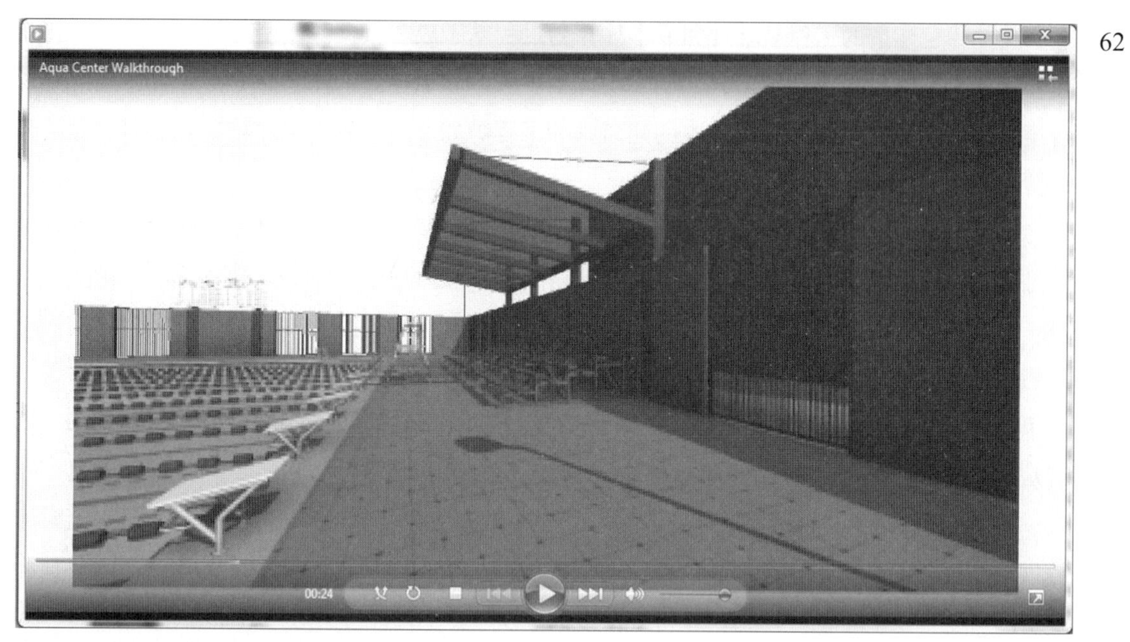

62

图 2.9 一部 BIM 3D 动画中的静止帧

绿色分析与模拟

建筑师、工程师及承包商需要运用工具测量和模拟环境因素，诸如建筑位置 / 朝向、HVAC 系统（图 2.10）、遮阳、太阳能设备、便池每次冲水量以及其他节水设施。目前，大多数项目中 BIM 模型都不包含集成实际工业产品信息的 BIM 对象，因此对于业主进行的工程量统计、绿色分析或者生命周期模拟而言几乎无用。如今 BIM 软件可以对制作精良的 BPMs 对象进行工程量统计，以此估量绿色材料的用量和生命周期绿色建造的成本。

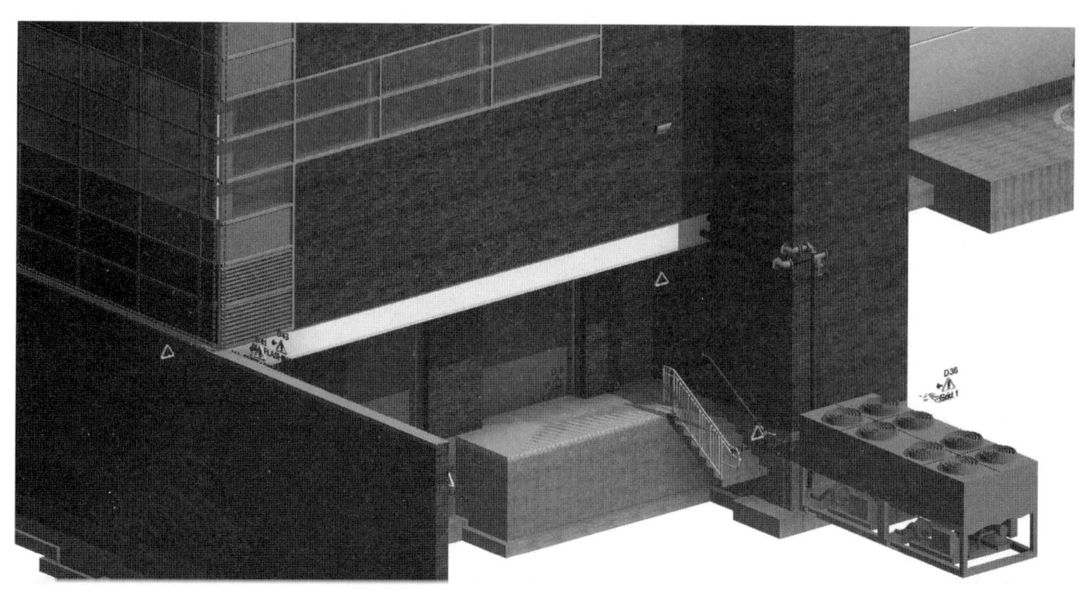

63

图 2.10 HVAC 系统

这种绿色建造的工程量统计和成本计算的过程基于成本数据库，使建筑师、工程师和承包商得以进行一系列虚拟建造，从而实现成本、资源和绿色要素之间的平衡。过去被指责为过度专注于设计或不了解施工成本的建筑师和工程师如今得以利用实际数据对他们的设计进行精确的成本核算及绿色评估。

主流BIM如今处在BIM 1.0阶段，在这一阶段BIM模型只包含通用的BIM对象，可以提供足够的可视化服务但缺乏深入的BIM分析，只适用于招标和设施管理。进入到下一阶段——BIM 2.0——将会用到BIM分析，这需要用到通用构件以及供应商定制化构件（通常早期设计需要BIM通用构件，随后根据合同文件，招标、施工和设施管理指定不同制造商的BIM对象）。如果有人能在BIM可视化和BIM分析的基础上加入时间维度，那么他就创造了BIM 3.0，也就是BIM模拟，获得了可持续性与全生命周期管理的有力工具。

基于BIM的工程量统计速度与自动化程度的提升使建筑师与工程师可以在项目中随时进行过程核算或成本优化，以消除金钱和时间的浪费，实现对项目进行设计优化从而满足预算要求。当项目发生变化时，建筑师和工程师也可以对多个设计方案进行方案模拟和预算评估。预算生成后，其每个条目都可以进行人工编辑，使得用户能够输入自己的成本数据或用专业成本数据及工程量统计功能对预算进行更新。这些过程需要成千上万的通用型和定制型BIM对象（取决于设计、施工和运维阶段）。功能强大的BIM族库管理软件使得建筑师和工程师随时查询并使用BIM对象。此外，建筑师和工程师还希望有软件来评估设计对环境的影响，尤64其是获取第三方绿色评级体系的评估结果，以及预测建筑全生命周期内绿色收益。然而对业主而言长期投资做绿色设计仍然存在困难，但智能BIM技术可以帮助建筑师和工程师辅助业主进行绿色分析和决策。

总之，借助于优化建筑产品制造商（BPMs）提供的BIM对象以及基于BIM的工程量统计技术，建筑师和工程师可以为制造商代表、总承包商和分包商提供相关数据，以此赚取额外利润。基于BIM的工程量统计技术有助于实现建筑产品制造商（BPMs）构件提交过程的规范化，同时丰富了BIM产品库。工程量统计成为LEED（能源与环境设计认证）等可持续性评估体系的重要组成部分，这是由于窗（图2.11）或者地毯的数量对于一栋新建筑或既有建筑的绿色设计是至关重要的。

BIM工具可以使建筑师和工程师大有作为，例如利用基于BIM的工程量统计功能，可以直接计算和测量相关绿色数据，还可以连接到成本数据库快速进行造价评估。如今建筑师和工程师准备在设计过程中进行工程量统计，由此可以节省30%的成本。在当前的美国，建筑消耗占了能源约40%，二氧化碳排放量40%，水资源消耗的38%，BIM在绿色建筑方面取得65突破的意义十分深远。业主正在对建筑性能提出更高要求，包括兼顾美观、节能、低价的同时满足居住者个性化需求，而这些只有通过智能BIM模型才能实现。

图 2.11 窗

业主的 BIM

业主的 BIM 应该是设计师、承包商和建筑产品制造商（BPMs）的 BIM 模型的结合体，它包含一栋建筑从规划到完成，从调试到移交全过程的信息。业主的 BIM 不仅作为虚拟模型提供服务，更是作为一个数据库，包含关于建筑的空间、设备、家具、设施以及质保手册等的所有图像和非图像信息。但事实上应用的情况并非如此，由于软件、人才和标准的局限性使得应用过程远远无法满足业主需求。遗憾的是许多业主对 BIM 的要求都是基于理想化的 BIM 理论，当现实无法满足期望时，他们会大失所望。

理论上说，建筑师的 BIM 模型会由承包商接管，随后他们对设计的可施工性进行分析并利用产品制造商的模型加入产品信息。现场施工完成后，模型根据所有竣工信息进行更新，以此获得现场施工所用图纸最新、最准确的信息，此时模型也包含了所有关于设计和施工阶段的必要信息。在这个过程中，承包商也会根据设施安装的相关信息对模型进行更新，这些信息是无法从制造商处获得的。

建筑师的模型对业主而言有一定价值，虽然对实际预算或进度的影响力有限，但作为一种营销工具用来和利益相关方进行沟通是十分有效的。

行业中总是存在着这样一个问题——建筑师的 BIM 是否真的可以被承包商加以利用使其更为智能并用于工作协同？承包商是否真的会在施工结束时完成竣工模型的更新并随业主使用手册一起移交给业主？

当 BIM 模型从一方移交至另一方时，版本之间存在显著的滞后性，这种延迟将会导致重复劳动和无效的工作。承包商并不会基于设计师的模型进行建造，事实上他们会出于可施工性的目的重新建立模型。许多业主对此并不理解，认为这个过程是在重复工作。然而事实上 66

并非如此，尽管建筑师和承包商可能使用同样的 BIM 软件工具，他们建模的目的和用途却截然不同。

在以往的建筑交付工作时，总是伴随着大量的业主手册和质保手册被移交给业主和设施经理。承包商移交给业主的 BIM 模型其实是业主手册的浓缩电子版，包含关于建筑里的重要信息，但有一个关键区别：设施经理不再需要在大量文档中检索数据。有了 BIM 数据库，任何设备的任何信息通过鼠标一点就能获得。在制定装修方案或维修计划的过程中，设施经理只需要点击任意设备就能获得关于产品、质保、产品生命周期、保养周期、更换成本、甚至产品的安装负责人信息。业主的 BIM 及其数据库还能连接至任何设施管理（FM）软件，对设备的各种维护工作进行安排或者完成日常操作的工单。

对业主而言最具挑战性的情况是出售既有建筑。一栋建筑对潜在买家是否具有吸引力，除了要看建筑使用年限和之前的使用情况，还取决于卖家是否能够证明这栋建筑物有所值。首先，典型的买家希望知道建筑是否可以满足他们的空间条件、运维要求、经营需要以及随着机构的扩大在未来能否容纳相应的人数。虽然这些问题有时候可以通过目测和物理评估进行回答，但是这种方式很难令人信服。没有各种系统和建筑部件的详细说明文档，要达成一笔成功的交易是很困难的。此时 BIM 自身的优势可以增强对潜在买家的吸引力并赋予业主更多的筹码进行产品营销。眼光独到的买家会认识到 BIM 作为投资的一部分所具有的真实价值，67 这就变成一笔对双方而言都非常成功的交易。

有些业主对数据或信息心存顾虑。而许多政府机构在数据处理方面做得很出色，这些机构需要数据准确性，因而将 BIM 作为数据集进行管理。举个例子，一家机构要求建筑公司制作男厕所和女厕所标识甚至灭火器的模型，还要求模型中屋顶高度达到一定标准。通过在建模时考虑这些看起来很小的细节，这家机构开发出了一个数据库作为基础建筑管理系统。参照此机构的典型建筑项目，以一个法院为例，该机构是法院的真实业主并且拥有很多租户，例如安保公司、法官等。因此，该机构必须能够明确描述对租户装修（TI）标准是什么。每个租户，尤其是在法院环境下，都会有自己独特的 TI 要求，例如安保公司要求安装防弹墙。这些特殊的租户装修（TI）要求不包括在建筑的租户装修（TI）标准之中，因此租户需要为这些项目额外付费。机构利用基础建筑系统和租户装修（TI）测算租金，相关信息随着不同的租户实时更新并记录在 BIM 中。业主便可以利用这种信息进行租金分配和维修分配。该机构非常重视数据管理，但不像建筑师或承包商重点关注于 BIM 模型创建或者利用 BIM 进行设计或协同。在 BIM 中管理数据既复杂又重要，以至于一些机构愿意付钱让建筑师和承包商参加 BIM 培训课程。当然，相关公司必须主动申请这份预算。例如一些公司利用他们与政府机关过去的关系来获得培训资金。在这种情况下，机构了解到整个行业都缺乏 BIM 的使用经验，同时它也不希望 BIM 的早期应用者仅仅因为行动快了一步而获得工程的最大份额。尽管该机构本着信息开放的原则，但它非常重视数据并且关心如何进行 BIM 对象建模和工程量的统计。

该机构在 UNIFORMAT 标准的基础上建立标准，它并不在各公司执行分内工作时指定方式和方法，但在项目收尾时，它会明确需要提供的数据。另一位大型政府业主看待 BIM 的角度截然不同。它更关心公司在建立模型时使用的方式和方法以及使用的软件。这位业主更有兴趣建造一个建筑资源库使 BIM 可以快速适应不同的场地条件，此外业主还要求在建筑生命周期中贯穿使用 BIM。业主面临的不断挑战是如何将 BIM 应用到所有规模的项目中，并且所有参与方必须有精通业主指定 BIM 软件的专家，此外 BIM 工程师需要利用 BIM 在施工现场解决问题。尽管业主 BIM 的认识不统一，但很多 AEC 公司遵从业主观点。BIM 应该使所有项目受益，但对它的使用程度应根据项目的实际情况而有所调节。毕竟最终目标是建造一栋更好的建筑，而不是建造更好的 BIM 模型。 68

流程 VS 可交付成果

BIM经常被议论为一种新的工作流程，也有人争论说BIM是一种新的驱动力和可交付成果。如今人们在综合项目交付及其他模式的范畴内对 BIM 进行定义。对一名业主而言，唯一能够进行管理的流程只有供应商选择流程和采购流程。如果业主仅仅关注这两个流程，那么将会面临很大风险。业主应该集中精力管理他们掌握的流程，同时利用可交付成果影响他们无法掌握的流程。最终目的是结合优秀的流程和明确的可交付成果，创造使业主获取利益和实现最佳建造体验的工作流程。

许多业主致力于在建筑的整个生命周期中运用 BIM 进行流程改造，在这个过程中清晰地规定流程和可交付成果是确保成功的关键。在制定 BIM 应用的需求时，业主必须特别注意采用低风险的处理方式。如果要求太过宽泛（例如："要求建筑师使用 BIM 软件"），那么结果也会显得宽泛而无法满足预期。如果要求太具体（例如："基于 Solibri 的某业主多专业协同方案，设计团队进行建模时必须使用 Revit 2011），那么其结果可能是增加了业主责任而降低了设计公司提供服务的动力（因此抑制了竞争）。 69

对业主而言，进行可交付成果的规范制订更为重要。在传统的 2D 交付模式下，业主可能要求一组施工图纸上包含特定信息，但他们不会指定图纸应该如何绘制。通过对交付成果的需求拓展，业主可以实现对过程的引导，将每个版本之间的区别列入差异分析报告，如 2.12 所示。

举例来说：

> 可规定总承包商必须以 .dwf（3D）形式提供 BIM 数据；交付成果中需要囊括建筑、结构、机械、电气和管道；根据 AIA（美国建筑师学会）的要求，模型至少需要达到 LOD400 精度等级；除了 .dwf 文件，还需要以 .xls 形式提供每次更新的差异分析报告；差异应该在 3D DWF 与相应 2D 视图上同时标注，并根据差异的严重性及对预算和进度的潜在影响进行分类，并在 BIM 应用之前，按严重性排序后归档提交审批。

ARC BIM Services Group　　　　iBIM

Prioritized Discrepancy Report

Project Name	[illegible]
Client Name	[illegible]
Project Number	10-01794
Report Issue Date	03.01.2011
Drawings Modeled	11.18.2010 Addendum 4

iBIM CI Classification System	
Low	Low risk of impact to construction schedule and/or budget
Medium	Medium risk of impact to construction schedule and/or budget
High	High risk of impact to construction schedule and/or budget

Prioritized Discrepancy Count		
Low	0	0%
Med	89	64%
High	49	36%
Total	138	100%

ID	Discrepancy					Location			Rating	Resolution				
	Problem	Discipline	Object Type	Description	Additional	Floor Level	Sheet/Section	Room/Location		Action	How	Status	Fix Hrs.	Client Response
1	Missing	Structural	Wall	Dimension		B1 - S - 14'-7"	S2.1	GL 1,A	Medium	Assumed	Approximately per struct plans	Unresolved	-	
2	Conflicting	Civil	Grade	Elevation		B1 - S - 14'-7"	S2.1	GL 5.9,H	High	Assumed	Approximately per struct plans	Unresolved	-	
3	Conflicting	Civil	Grade	Elevation		B1 - S - 14'-7"	S2.1	GL 5.9,H	High	Assumed	Approximately per struct plans	Unresolved	-	
4	Missing	Structural	Beam	Dimension		01 - S + 0'-0"	S2.2	GL 5,A	Medium	Assumed	Approximately per struct plans	Unresolved	-	
5	Missing	Structural	Beam	Dimension		01 - S + 0'-0"	S2.2	GL 5,A	Medium	Assumed	Approximately per struct plans	Unresolved	-	
6	Missing	Structural	Opening	Dimension		01 - S + 0'-0"	S2.2		Medium	Assumed	Approximately per struct plans	Unresolved	-	
7	Missing	Structural	Opening	Dimension		01 - S + 0'-0"	S2.2	GL 5,A	Medium	Assumed	Approximately per struct plans	Unresolved	-	
8	Missing	Structural	Opening	Dimension		01 - S + 0'-0"	S2.2	GL 5,A	Medium	Assumed	Approximately per struct plans	Unresolved	-	
9	Missing	Structural	Opening	Dimension		01 - S + 0'-0"	S2.2	GL 5,A	Medium	Assumed	Approximately per struct plans	Unresolved	-	
10	Missing	Structural	Wall	Height		01 - S + 0'-0"	S2.2	GL 5H	High	Assumed	Approximately per struct plans	Unresolved	-	
11	Conflicting	Structural	Stair	Location		01 - S + 0'-0"	S2.2	GL 1,G	High	Assumed	Approximately per struct plans	Unresolved	-	

图 2.12 差异报告

对于可交付成果的关注要求总承包商使用最佳的工作方式完成可交付成果。

另外，BIM作为可交付成果可以促进流程优化。尽管对于一家建筑公司的评估不应该仅仅关注其BIM应用的能力，但业主仍会要求提交BIM样例。对于传统过程中交付的每个阶段，70 都应该有相应的BIM可交付成果。针对每一项提交，业主可以对BIM文档包含的数据提出要求。当然，建筑师事务所提出对交付成果使用的限制条件也是合理的。

许多人相信BIM是“动态”的，因此不存在真正的交付，这种说法在一个高度集成的环境中是成立的。假设在BIM应用中采用数据跟踪的技术，那么BIM建模者需要经授权才能做出更改，如果由记录数据的工程师更改并承担相应的责任，那么“动态”模型这一概念生效了。很多人尝试将众包原理运用于BIM协同。众包是指一个多人小组通过搜集数据，分析数据、提供反馈等等方式协作解决一个问题。与应用众包模式来设计公司商标或者新产品的名字不同，笔者确信BIM模型应该由工程师在一个“动态”BIM环境中被创建出来。

流程导则

流程导则的制订对于BIM应用是非常重要的。许多业主BIM应用流程是被动接受的或是由供应商团队推动的。业主必须在建筑全生命期中定义流程导则。建筑生命期中最基本的流程包括项目规划、团队选择、设计、施工文档、采购、合同管理以及实施管理。建筑的全生命周期往往持续几十年，整个流程是连续且闭合的。在建筑业，有太多的约束条件束缚了建筑的创造性，BIM使得业主可将建筑视为产品，借助BIM利用制造业的规则进行建筑施工。这是由于BIM使我们可以开发与真实产品非常接近的产品原型，而在BIM技术大规模应用之前，进行建筑虚拟仿真成本高昂。要让业主放弃传统方法完全采用新方法也并不可行，最佳建议是对现有流程加以改进来使业主受益。由美国建筑规范协会（CSI）出版的《项目资源手册》可作为行业标准用于设施全生命周期管理，将带来很好的应用效果。

71 为了制订出能够有助于交付成果以及改进建筑生命周期流程的BIM导则，必须先制订相应的方法论。根据dictionary.com网站的解释，“方法论”是指“在艺术或科学领域，方法、原则、规范形成的集合或系统。”

下面是一系列有效 BIM 方法论的关键：

举例

宗旨：制订宗旨也许是一个艰巨的过程，但非常有价值。使利益相关方参与到宗旨的制订中也十分重要。笔者建议将宗旨总结为一系列要点，并确保要点不超过十条，使其简洁而富有内涵。

目标：目标是宗旨的分项。上述宗旨的一个目标可能是“减少信息请求（RFIs）”。

可交付成果：针对目标需要谨慎的策划可交付成果，但这是一种一次性解决问题的方式。对于上述目标，一份差异报告可以成为协助减少 RFIs 的可交付成果。

评估：建立方法论的好处在于可以方便地进行评估和设立参照标准，因此在可交付成果中嵌入可以量化的指标十分重要。主观描述是无法评估的，因此不应包含在方法论中，应归入对评估的解释。信用评分业务是一个很适合的例子来解释这个问题。比如说一个人获得信用评分为 769（度量），这意味着他拥有“良好的”信用（主观解释）。

评估系统：若想拓展评估工作，建立评估系统至关重要。如果评估的流程不够流畅，那就无法搜集到评估所需的数据。

过程优化：长远来看对方法论持续改进是很重要的。在大多数情况下，方法论的第一个版本也许是“不严谨的”。但其一旦被执行，就会产生一连串经验教训，且同时被记录，收集、研究用来改进现有的方法论。图 2.13 所展示的是为了使用 BIM 进行施工能力检查而制订的方法论。

72

ARC™ iBIM

Prioritized Discrepancy Report

Project Name	[illegible]			Prioritized Discrepancy Count		
Client Name	[illegible]	iBIM CI Classification System		Low	0	0%
Project Number	10-01812	Low	Low risk of impact to construction schedule and/or budget	Med	55	51%
Report Issue Date	2/1/2011	Medium	Medium risk of impact to construction schedule and/or budget	High	53	49%
Drawings Modeled	Structural	High	High risk of impact to construction schedule and/or budget	Total	108	100%

ID	Discrepancy					Location			Rating	Resolution				
	Problem	Discipline	Object Type	Description	Additional	Floor Level	Sheet/Section	Room/Location		Action	How	Status	Fix Hrs.	Client Response
1	Missing	Structural	Grid Lines	Dimension		01 - S +250'-0"	S101	GL 2,E	Medium	-	Approximately per struct plans	-	-	
2	Missing	Structural	Beam	Dimension	Start and End of Framing location	Roof +282' 9 1/2"	S104	GL 2,F	Medium	-	Approximately per struct plans	-	-	
3	Missing	Structural	Angle	Elevation		Roof +282' 9 1/2"	S405	GL 2,H Detail 9	High	-	Approximately per struct plans	-	-	
4	Missing	Structural	Deck Edge	Dimension		Roof +282' 9 1/2"	S104	GL 4,F Detail 3/S405	Medium	-	Approximately per struct plans	-	-	
5	Missing	Structural	Beam	Dimension		Roof +282' 9 1/2"	S104	GL 15,E Detail 5/S402	Medium	-	Approximately per struct plans	-	-	
6	Missing	Structural	Deck Edge	Dimension		Roof +282' 9 1/2"	S104	GL 16,E Detail 3/S405	Medium	-	Approximately per struct plans	-	-	
7	Missing	Structural	Deck Edge	Dimension		Roof +282' 9 1/2"	S104	GL 17,B1 Detail 3/S405	Medium	-	Approximately per struct plans	-	-	
8	Missing	Structural	Deck Edge	Dimension		Roof +282' 9 1/2"	S104	GL BA,D Detail 3/S405	Medium	-	Approximately per struct plans	-	-	
9	Missing	Structural	Deck Edge	Dimension		Roof +282' 9 1/2"	S104	GL 17.6,A Detail 3/S405	Medium	-	Approximately per struct plans	-	-	
10	Missing	Structural	Elevator Pit	Dimension		01 - S +250'-0"	S101	GL 7,J	High	-	Approximately per struct plans	-	-	
11	Missing	Structural	Pier	Type		01 - S +250'-0"	A102	GL 16,K	High	-	Approximately per struct plans	-	-	
15	Missing	Structural	Deck Edge	Dimension		Roof +282' 9 1/2"	2/S104	GL 5,F Detail 3/S405	Medium	-	Approximately per struct plans	-	-	
16	Missing	Structural	Deck Edge	Dimension		Roof +282' 9 1/2"	2/S104	GL 4,F Detail 3/S405	Medium	-	Approximately per struct plans	-	-	
17	Missing	Structural	Deck Edge	Dimension		Roof +282' 9 1/2"	2/S104	GL 4,F Detail 3/S405	Medium	-	Approximately per struct plans	-	-	
18	Missing	Structural	Deck Edge	Dimension		02 +267'-7"	S102	GL 8,K	Medium	-	Approximately per struct plans	-	-	
19	Missing	Structural	Deck Edge	Dimension		02 +267'-7"	S102	GL 9,J	Medium	-	Approximately per struct plans	-	-	
20	Missing	Structural	Deck Edge	Dimension		02 +267'-7"	S102	GL 9,K	Medium	-	Approximately per struct plans	-	-	
24	Missing	Structural	Beam	Dimension		02 +267'-7"	S102	GL 6,J	Medium	-	Approximately per struct plans	-	-	
25	Missing	Structural	Beam	Dimension		02 +267'-7"	S102	GL 7,J	Medium	-	Approximately per struct plans	-	-	
26	Missing	Structural	Beam	Dimension		02 +267'-7"	S102	GL 7,J	Medium	-	Approximately per struct plans	-	-	
27	Missing	Structural	Beam	Dimension		02 +267'-7"	S102	GL 7,G	Medium	-	Approximately per struct plans	-	-	
28	Missing	Structural	Beam	Dimension		02 +267'-7"	S102	GL 6,H	Medium	-	Approximately per struct plans	-	-	
29	Missing	Structural	Beam	Dimension		02 +267'-7"	S102	GL 6,H	Medium	-	Approximately per struct plans	-	-	
30	Missing	Structural	Footing	Elevation		01 - S +250'-0"	S126	GL 3,Y Detail 5/S126	High	-	Approximately per struct plans	-	-	
31	Missing	Structural	Beam	Dimension		02 +267'-7"	S102	GL 8,G	Medium	-	Approximately per struct plans	-	-	
32	Missing	Structural	Footing	Elevation		01 - S +250'-0"	S126	GL 3',Y Detail 5/S126	High	-	Approximately per struct plans	-	-	
33	Missing	Structural	Beam	Dimension		02 +267'-7"	S102	GL 8,J	Medium	-	Approximately per struct plans	-	-	
34	Missing	Structural	Footing	Elevation		01 - S +250'-0"	S126	GL 5',Y Detail 5/S126	High	-	Approximately per struct plans	-	-	
35	Missing	Structural	Footing	Elevation		01 - S +250'-0"	S126	GL 6',Y Detail 5/S126	High	-	Approximately per struct plans	-	-	
36	Missing	Structural	Footing	Elevation		01 - S +250'-0"	S126	GL 7',Y Detail 5/S126	High	-	Approximately per struct plans	-	-	
37	Missing	Structural	Footing	Elevation		01 - S +250'-0"	S126	GL 12,Y Detail 5/S126	High	-	Approximately per struct plans	-	-	
38	Missing	Structural	Footing	Elevation		01 - S +250'-0"	S126	GL 10',Y Detail 5/S126	High	-	Approximately per struct plans	-	-	
39	Missing	Structural	Elevator Pit	Dimension		01 - S +250'-0"	S101	GL 17.6,D	High	-	Approximately per struct plans	-	-	
40	Missing	Structural	Footing	Elevation		01 - S +250'-0"	S101	GL 14,Y	High	-	Approximately per struct plans	-	-	
41	Missing	Structural	Grid Lines	Dimension		01 - S +250'-0"	S101	GL BA,B6	Medium	-	Approximately per struct plans	-	-	
42	Missing	Structural	Canopy	Elevation		01 - S +250'-0"	S126	GL 1',Y Detail 5/S126	High	-	Approximately per struct plans	-	-	
43	Missing	Structural	Column	Elevation		01 - S +250'-0"	S126	GL 1',Y Detail 5/S126	High	-	Approximately per struct plans	-	-	
44	Missing	Structural	Deck/Slab	Type		01 - S +250'-0"	S101	GL B1,BA	Medium	-	Approximately per struct plans	-	-	
45	Missing	Structural	Footing	Elevation		01 - S +250'-0"	S126	GL 2,Y	High	-	Approximately per struct plans	-	-	

图 2.13 BIM 检查

可交付成果

可交付成果根据业主要求不同而大不相同，决定可交付成果的三要素包括人、流程和平台（3PS）。这些将会在第四章详细讨论。关于可交付成果：

> **人：**员工的能力和知识。如果业主团队没有能力使用Revit或者没有兴趣学习，那么收集到的Revit文件格式的成果是没有应用价值的，唯一的用处是作为项目资料存档以便于日后的更新。
>
> **流程：**决定可交付成果将如何应用在当前/未来的流程中。例如，许多业主要求进行第三方审查，但大多数业主并不会进行基于BIM的可施工性检查。
>
> **平台：**可交付成果对员工而言应具有可用性。这个过程可能需要对计算机硬件/软件和网络进行升级。笔者见过许多业主挥舞着一张DVD宣称他们在上一个项目中使用了BIM，而事实上他们在办公楼里甚至没有一台机器安装了正确的硬件或软件来查看BIM模型。

可交付成果是业主能够对AEC供应商团体发出的最基本的指令。在图2.14中，我73 们可以看到由业主指导的一个案例，其可交付成果以施工前风险评估为重点。当前的情况是在合同文档中规定实施方法的风险太大，可交付成果的特殊性在于不详细说明实施方法的情况下驱动最优方案。比如说，业主绝不应该要求使用特定的软件。但是，通过要求.dgn文件作为可交付文本，业主实质上指定了使用Bentley软件。如果没有其他细节说明，供应商可以创建一个可以兼容的.dgn格式的文件，但这看起来不会是业主的意图。业主应该提出原始格式的.dgn文件要求，这就可以在本质上要求AEC供应商使用Bentley软件。

指定BIM交付成果是业主方需要重点考虑的，例如指定某一软件会要求AEC供应商购买74 额外的软件和教程，这将导致他们将业主的项目当做试验田。它还会缩小AEC供应商的范围并导致影响定价的垄断者的产生。作为一名业主，以最优的价格选择最佳总承包商要比考察总承包商熟悉什么软件更重要。有些业主对软件的限制造成的结果是以更高的价格选择了低于标准的总承包商，而总承包商则将BIM工作外包给经验有限的咨询顾问，最后的结果往往是与业主期望差距甚远。

业主指定交付成果却忽视AEC供应商实际的执行能力有可能导致的不必要的风险。业主采用BIM的初期，设定现实的期望比试图实现崇高的BIM愿景更为重要。

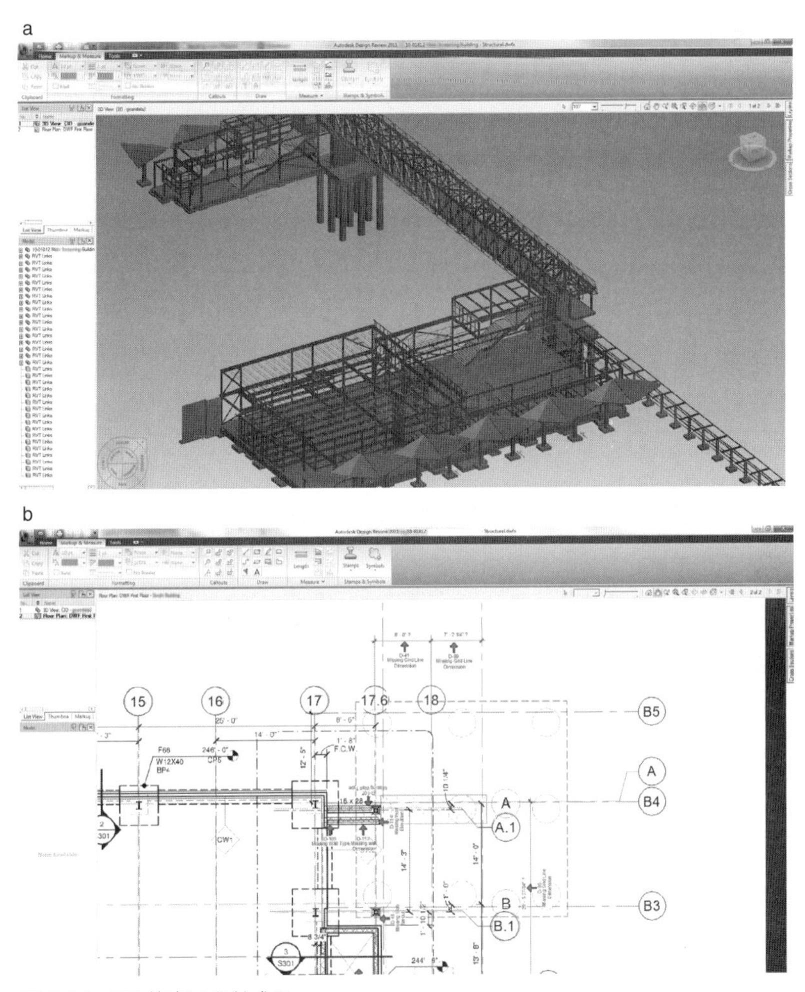

图 2.14 BIM 检查可交付成果

可交付成果要求举例

1. 集成多专业 3D.dwf 文件
   a. 嵌入误差标签。
   b. 确保误差标签的唯一性并同时链接到 3D 视图及 2D 图纸。
   c. 误差标签应该与误差报告一致。
2. .xlsx 形式的误差报告
   a. 分专业整理误差。
   b. 根据严重性整理误差。
   c. 严重误差需要包含解决方案。
3. 专业协同管理计划

a. 利益相关方角色定义。

b. 相关责任定义。

c. 任务——碰撞报告、模型更新或构件识别、解决方案。

4. 以 Solibri 格式提交的冲突管理模型

a. 根据专业（A,S,M,E,P,FP）提交个体模型。

b. 根据专业协同管理计划提交整合模型。

c. 碰撞管理方法提纲。

d. .xlsx 格式的碰撞报告需包括 2D 和 3D 位置。

75 这些是交付成果要求的高级案例。除了交付成果，数据标准也同样重要。

数据标准

开展 BIM 应用时，业主必须仔细考虑他们使用的方法，通过交付成果而非强制流程推进项目。业主需要制定数据的规范说明，重点关注 3D 和视觉显示。数据标准对于制订关键业绩指标（KPIs）非常重要并起到基准作用，它还可以实现 BIM 向设施管理的无缝衔接。数据可能非常复杂，但是遵守统一标准可以使流程简化。一个非常简单的例子就是室内门的命名。应该如何命名？ INTDOOR, int_door, interior_door, Door_INT, 或者应该将它定义为两类：门和室内门。尽管可采用的标准可能很多，业主必须选择其中一种对这些参数进行定义。业主应该避免一个误区，即只关注门的可视化而忽略信息数据（图 2.15）。在应用标准方面，美国国家建筑信息模型标准（NBIMS）完成了大量的基础工作，并且许多软件应用的标准在此基础上做了拓展。问题是一栋建筑包含了大量的尚未被定义的数据，因此将标准作为框架使用是一个很好的起点。

76 虽然许多业主已经制订了 BIM 规范，但做到遵循规范是非常困难的。在很多案例中，AEC 公司和承包商选择最低标准去遵守。而数据标准是促进规范落实的好方法，这个过程需要自动化软件工具来实现。

宏观标准是一种高层次的企业标准化方法，属于从大处着想，小处着手的方式。明确文件命名规则和软件版本都是好的出发点，我们可以看到许多业主指定 Revit, 却不说明哪个版本，但实际上明确专业和软件版本是非常关键的。业主也许会指定多种交付的类型，例如 Navis, Solibri, DWF 或 PDF，事实上版本和交付类型的唯一性非常重要。文件的命名规则是数据标准的一种高级形式。命名规则对数据标准化起到约束作用，笔者认为如果供应商无法遵循命名规则，那在 BIM 应用时会出现更多严重的问题。

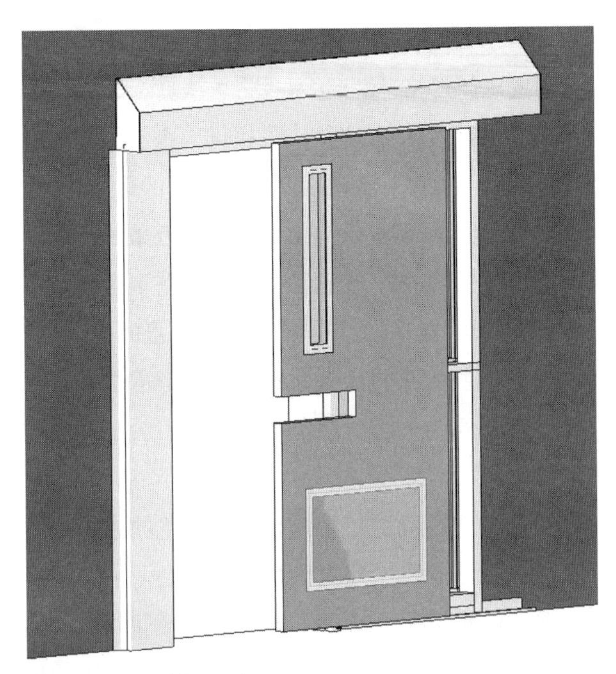

图 2.15 BIM 对象——门

举例：项目名 _ 专业 _ 提交日期 _ 供应商名字 .rvt；libertyhs_mech_1_17_11_stevemech.rvt。

在进行宏观数据标准化时有多种路径可供考虑。许多业主已经采用了自己的数据标准，包括 CSI MasterFormat 格式（或它的修改版本），UNIFORMAT 格式，Omniclass 格式（尚未被广泛采用），或者其他标准。此外，软件工具伴随着一定水平的数据标准产生。这些数据标准一旦形成，有必要建立一个包含内部和外部成员的委员会来对这些标准进行审查与认可。如果不采取类似的强制措施，将很难实现这些标准的实际应用。

宏观标准的制订需要系统性的方法。标准的执行情况并不取决于标准的完整性或有效性，标准无法被遵守往往是由执行不力造成的。制订标准过程从一开始就有可能会遇到阻力，基于任务和目标建立统一的标准非常困难但也非常重要，因为它开启了引入外部和内部资源的过程。一旦团队理解了“为什么”要这么做，那么重点就会放在“如何做”之上。任务和目标的制订过程还有助于发现团队中的误解、忧虑及认知。然后团队将对任务和目标达成共识并编写草案，在对草案不断反馈的基础上，使任务和目标得到最终确认。人类天性决定了团队永远会在最后关头提出一些想要分享的观点，每个人都会喊着“先等一等”以便有时间来思考。 77

任务和目标会激发出制订标准所需要的工作热情。标准应反复修改制订并作为草案呈现给团队，在这过程中需要不断地征询他们的意见。草案一旦被最终确定，应随即制定实施计划，通常第一步是培训。

培训是实施过程中经常被遗留到最后的一个环节，而事实上为内部和外部团队进行标准化培训是非常重要的。开发一项包括手册、常见问答（FAQ）以及一些课堂教学的基本培训项目是十分有必要的。培训要求越严格,团队学习也将更认真。要特别注意的是一些外部成员，他们往往没有资源进行自学，因此为这些团队成员提供一个学习的途径是必不可少的。与基本建设委员会进行合作时，他们对于执行BIM要求和规范的最大的顾虑是AEC团体会将这些要求看成是合作的障碍，更担忧因缩小供应商的范围导致采购流程缺乏竞争力。委员会最大的顾虑来自分包商实际应用规范能力。在这种情况下，基本建设委员会决定等待一年深化BIM需求，而事实上他们可以利用这段时间对供应商遵循规范的能力进行培训。

实施过程中的下一步是根据特定项目个性化和配置规范需求。这可以避免供应商盲目对规范进行诠释。因为要求诠释的部分越多，供应商越可能失去工作本质目标，而仅仅是最低限度地遵守规范。

78

建立统一的合规流程可以使供应商更了解流程以及业主的意图。在许多情况下业主根据不同的项目制订不同的需求，而供应商会将这种情况看成是业主不停地改变目标从而不会认真对待这些需求。因此这个过程就变成了被动遵守来得到报酬而非真正理解业主的意图。

数据标准可应用于指导软件开发。在有限的技术资源可供使用的情况下，在软件开发之前应当对标准的履行方式列一个可操作的清单。

宏观标准方法是一种企业标准化的方法，针对项目的做法是开发项目模板。这对于一些有特殊要求和目标的大型项目非常有用。数据标准仅限于该项目使用而不可能被重复利用到其他项目上。例如，在宏观标准中，空间的命名惯例可以是“空间_名称_空间_类型.”在项目模板中，它可以是“部门_名称_承租人_名称_空间_类型.”在数据集中含有项目细节的好处可以更容易搜索并且能够基于项目规则对数据进行整理。在复杂的项目中，需要开发基于特定项目的词汇表，然后将其纳入项目模板。构件和构件参数的命名可能对每个项目或项目类型都是独一无二的。如果业主是学校董事会，由于追求采购数量和运维的简便，董事会可能会制定标准化模板。随着产品的标准化，与产品相关数据也将实现标准化。这一内容资料库可以预先授权给供应商让其在BIM开发过程中使用。如果他们想要实施替代方案，可以事前进行报批。

79

内容管理

一栋建筑是一系列产品（库存单元[SKU]），资源（混凝土，土地等）和人（劳动力）的集合。BIM其实是一个包含建造大楼的所有信息组成的数据库，这种数据库以模型的方式展现。替代了传统上以案例为基础的数据管理模式，业主可以公布标准化的构件供AEC使用，相关的参数将嵌入构件中未经授权无法修改。业主可以不用参与具体流程就可以实现对模型开发内容的控制。利用市场中已有的软件工具，业主可以检查模型中是否存在垃圾信息。这种方式的好处在于它可以形成连贯性的精细化数据。存在的挑战则是业主需要拥有发达的内部BIM

技术资源，或者必须和理解相关技术的外部机构进行合作。

有些内容可以从制造商处获得并加以修改以满足业主要求。遗憾的是，业主因此获得的受益非常有限。

业主的 BIM 需求文档

可将上述信息整合到类似下面的 BIM 需求文档中。

1. 一般需求
    1.1. 摘要
    1.2. 项目信息
    1.3. 定义
    1.4. 软件和硬件需求
        1.4.1. 软件需求
        1.4.2. 硬件需求
    1.5. BIM 人员与基础设施需求
        1.5.1. BIM 人员任职资格
        1.5.2. 基础设施需求
    1.6. 角色与职责
2. 应交付成果
    2.1. 可施工性审查模型
        2.1.1. 规范
        2.1.2. 交付
    2.2. 协同图纸
        2.2.1. 交付
    2.3. 4D 进度模拟
        2.3.1. 规范
    2.4. 竣工模型
        2.4.1. 规范
        2.4.2. 交付
    2.5. 设施管理模型
        2.5.1. 规范
        2.5.2. 交付
3. 执行

80

3.1. 建模标准

3.1.1. 最低建模需求

3.1.2. 命名规则

3.1.3. 详细程度（LOD）

3.1.4. 信息交换

3.2. 3D 建模协议

3.2.1. 建筑建模

3.2.2. 结构建模

3.2.3. 机械设备建模

3.2.4. 电气设备建模

3.2.5. 管道建模

3.2.6. 消防建模

3.2.7. 专业设备建模

3.3. 4D BIM 协议

3.4. 模型质量控制需求

3.5. BIM 专业协同协议

3.5.1. 协同启动

3.5.2. 协同进度计划

3.5.3. 协同协议

3.5.4. 文件传输和协作

81

3.6. 竣工模型

3.7. 设施管理模型

3.7.1. 最低需求

3.7.2. 施工数据收集

3.7.3. 运维数据收集

3.7.4. 数据录入协议

3.7.5. BIM 数据输出协议

1. 一般需求

1.1. 摘要

Ⅰ. 总承包商在开始工作之前应提交建筑信息建模（BIM）实施计划请业主审批。该计划应包括项目执行 BIM 时所需的人员、流程和平台。计划应包括总承包商签订的最高成本限额（GMP）合同里面规定的工作范围。额外工作参照投资回报分析文件另外收费。

Ⅱ.在施工工作启动之前，总承包商应参与创建能够在建筑全生命期提供大量信息的可施工模型。

Ⅲ.应遵循本文规定的建模规则生成建筑系统，根据模型构件表生成建筑构件。模型应包含终版施工文件、竣工详图、施工物流与施工顺序的所有信息。可把 BIM 作为提高施工前期协同能力的手段，可通过冲突检查减少现场施工中的差错。完整的虚拟设施能够精确反映最终竣工状况，可供业主的设施管理团队使用。

1.2. 项目信息 82

项目背景：

项目名称：

项目描述：

建筑类型：

建筑面积：

项目编号：

合同方式：

1.3. 定义

Ⅰ.建筑信息建模（BIM）：创建数字数据库和拟建设施物理功能特性虚拟表现的过程。由多个模型整合在一起的 BIM 模型称作联合模型。被整合进联合模型中的模型被称作建筑系统模型。这些建筑系统模型可以单独操作而不会影响其他模型。

Ⅱ.模型详细程度（LOD）：模型构件开发的完整程度。LOD 从概念级到竣工级共分为五个等级。最低等级始于概念层次，然后是近似，最后达到表现精度的最高级。

ⅰ.LOD 100——概念

ⅱ.LOD 200——近似几何

ⅲ.LOD 300——精确几何

ⅳ.LOD 400——制造

ⅴ.LOD 500——竣工及设施管理

Ⅲ.构件属性（EP）：描述模型构件材料和信息的数据。

Ⅳ.模型构件作者（MA）：在项目特定阶段开发满足 LOD 要求模型构件的责任方。 83
模型构件作者可以是：

ⅰ.GC——总承包商

ⅱ.BC——BIM 顾问

ⅲ.SUB——分包商

ⅳ.S——供应商

Ⅴ. 建筑系统模型：表示特定工种或专业的子模型。

Ⅵ. 工业基础类（IFC）：定义和表达用 3D 虚拟对象存储的标准建筑与施工的图形及非图形数据的系统框架。IFC 使得数据可以在 BIM 工具、预算系统以及其他施工相关应用中流转，并在对象从一个 BIM 系统移到另一个 BIM 系统后，仍然可对它们进行分析。承包商所用的 BIM 软件必须通过 IFC coordination view（2X3 或更高）认证。

Ⅶ. 设施数据：包括在 BIM 模型中用于精确表示真实设施运维信息的智能属性数据。

Ⅷ. 施工提交：定期的质量控制会议或施工进展审查会议都要审查模型的应用情况，包括冲突管理和设计变更管理。

Ⅸ. 软冲突：指一个模型构件与另一个设立间隙的模型构件相交。当与某一设立间隙构件冲突时，模型作者应根据具体情况调整构件位置。

Ⅹ. 硬冲突：指一个模型构件与另一模型构件相交。硬冲突检查时构件间隙设定为零。

84

1.4. 软件与硬件需求

总承包商应挑选 BIM 软件和冲突检查软件创建可施工模型。总承包商应使用 3D 模型和软件生成的智能属性数据生成精确的施工文件。

1.4.1. 软件需求

可施工模型应使用面向对象方法开发的真实实体建模软件。承包商必须使用 Revit 软件建模，所有供应商和他们的分包商都应提供软件合规认证。所有供应商及分包商必须使用正版授权软件进行模型创建和其他应交付成果的创建。本项目使用的软件须接受审查。

1.4.2 硬件需求

所有供应商和他们的分包商应使用制造商推荐或更高的硬件配置进行模型和其他应交付成果的创建。

1.5. BIM 人员与基础设施需求

所有顾问和承包商应有充足的 BIM 人员或自行出资培训 BIM 人员，并负责购买项目各阶段建模和协同所需要的硬件和软件。分包商和顾问必须以书面形式确定二级分包或外包模型作者。所有关键 BIM 人员的任职条件应报业主审查。

1.5.1. BIM 人员任职资格

ⅰ. BIM 模型作者必须拥有建筑、施工管理或 MEP 相关领域的学士学位，并对建筑、结构以及其他建筑专业有完整的理解。

85

ⅱ. BIM 专家必须至少已在两个项目中成功实施 BIM，并拥有建模和专业协同经验。

ⅲ. BIM 专家须能熟练使用项目用到的所有 BIM 软件。

ⅳ. BIM 相关工作人员必须参加提前一天至一周通知的现场会议。

ⅴ. BIM 经理除了要有项目管理经验之外必须拥有上述所有资格。

ⅵ. BIM 经理还必须协同、管理过至少两个类似项目。

1.5.2. 基础设施需求

ⅰ. 应有能够容纳所有团队成员的 BIM 协同会议室，供召开基于 BIM 模型的冲突检查和专业协同会议之用。施工过程中，BIM 协同办公室应设置在施工现场或施工现场附近，以便进行多专业模型协同。另外，当协同会议以网络会议形式召开时，应具备相应资源。

ⅱ. 每个 BIM 协同办公室都需配备适当的设备和工具。电子白板（SMART boards）可用于查看文件（2D 和 3D）、交互创建实体模型、存档完成的模型并将其转换成信息请求（RFI）或其他相关参考文件。

ⅲ. 承包商必须保证所有参与方具备参加网络会议的资源。

1.6. 角色与职责 86

Ⅰ. 模型作者应按照施工经理要求积极参与 BIM 协同与审查会议。会议讨论的内容包括但不限于：模型修改及其引起的与其他建筑系统或预留空间产生的冲突问题，既不增加成本又不延误工期而且可以马上实施的变更问题，等等。

Ⅱ. 每一分包商都应按本文规定和模型作者提出的格式和时间要求提供其工作范围之内的相关信息。

Ⅲ. 总承包商的 BIM 经理负责按预期标准保证模型质量。

Ⅳ. BIM 经理还负责专业协同会议的协调和管理。其责任包括但不限于：依照 BIM 规范进行竣工和设施管理（FM）模型协同，正确生成竣工模型和运维模型，等等。

Ⅴ. 业主、施工经理以及其他顾问拥有使用模型作者在施工期间和之后所有建模成果的专有权，使用模型不需支付额外费用。

Ⅵ. 每位模型作者理解并同意他们所做工作不会侵害其他参与人或参与方为本项目提供的受专利权、著作权、商标权保护的信息或产品的知识产权。

2. 应交付成果 87

2.1. 可施工性审查模型

可施工性审查模型应根据下述要求创建。

2.1.1. 规范

为了对设计文件进行可施工性进行审查，应使用 Revit 或类似软件为建筑、结构、机械、电气、管道及消防等专业建立 LOD 300 以上的可施工性审查模型。

2.1.2. 交付

承包商必须交付以下成果：

ⅰ. 每个专业施工模型的 Revit（RVT 格式）文件

ⅱ. 与免费预览器格式兼容的模型文件：DWF 或 SMC 格式文件

ⅲ. 对 BIM 作者建模过程发现的问题和模型应用发现的问题汇总后生成差错报告，对模型中发现的差错设置标签或标注数字并与报告对应。报告应包括：

a. 对设计文件中的所有差错或遗漏进行描述。

b. 差错须以数字编号以便与平面图中的标签对应。

c. 误差所属专业。例如：建筑或机械。

d. 差错位置必须反映标高和房间号或其他位置信息。例如：Level 02+24″ –0′；Room DC 104; GL C–4。

88

e. 报告还必须包括差错在设计文件中的位置。例如：图纸 A2.11, 详图 B。

f. BIM 建模人员必须运用所学知识，根据差错的性质和应纠正的优先顺序将差错分为低、中、高三级。

2.2. 图纸协同

所有建筑系统设计完成后，总承包商负责保证所有建筑系统都经过协同不会发生冲突，模型作者提供协同图纸和模型。

2.2.1. 交付

承包商在完成所有专业协同之后必须交付以下成果：

ⅰ. 基于 PDF 格式的带有标注及颜色编码的 2D 协同图形文件，用 1/8″ =1′ –0″ 比例打印两套图纸。协同图纸必须有模型作者、协同人员或者所有参与方的签字。

a. 每个专业独自的协同图纸。

b. 整合所有专业的协同图纸。图纸中用颜色区分专业，构件要加标注。

ⅱ. 所有专业协同之后的 Revit 更新模型。

ⅲ. SMC 或 NWD 格式的集成协同模型。

ⅳ. 表明模型已无冲突的冲突报告。

完成协同后的图纸应由每个顾问或分包商签字，成为正式协同图纸，由总承包

89

商保存在工地现场作为未来解决冲突的依据。未按照协同图纸安装或者安装了图纸上没有的任何组件应由分包商自行出资解决。返工、重新协同或进度延迟产生的成本由不按协同图纸施工的参与方或分包商承担。

2.3. 4D 进度模拟

总承包商必须在施工启动之前提交三份施工进度模拟报告描述所有可能的进度冲突。模拟模型必须遵守以下规范。

2.3.1. 规范

ⅰ. 进度计划与模型构件的关联关系必须反映现场施工的真实情况。

ⅱ. 进度模拟必须包括每个专业所有构件的施工。

ⅲ. 用于连接 Revit 进行进度模拟的软件没有限制。但是，强烈推荐使用 Synchro 或 Naivisworks Timeliner。

2.4. 竣工模型

施工模型应按以下规范更新、深化，从而生成竣工模型。

2.4.1. 规范

ⅰ. 一旦完成可施工性审查和所有建筑系统协同，各专业模型必须根据最终协同图纸和竣工后的施工现场信息进行更新。

ⅱ. 模型应深化至 LOD 400 并依据信息请求（RFIs）、建筑师补充说明（ASIs）以及任何其他目前为止发布的设计变更文件进行更新。与 BIM 模型运维数据相关的建筑产品规格说明书或分页图如有变动也应在竣工前更新。

2.4.2. 交付

90

承包商应在施工过程中把不同时间节点依照实际施工情况更新的模型提交给建筑师和业主代表审批，并在建筑师签署项目竣工文件后完成、交付最终整体 Revit 竣工模型。

ⅰ. 承包商还必须交付最终体现所有设计变更的竣工数据表（所有专业）。表中数据涵盖范围应与设计文件对应。

2.5. 设施管理模型

2.5.1. 规范

施工过程中，总承包商根据以下规范要求负责收集每个系统、每个构件的运维（O&M）及设施管理数据，并将它们输入模型。

ⅰ. 模型应深化至 LOD 500 并包含制造商提供的用于未来运营与维护的所有信息。

ⅱ. 所有 BIM 构件应按照 Autodesk 推荐的最佳实践创建。

ⅲ. 设施管理数据应在各阶段分以下三组输入：

a. 构件通用数据

b. 专业通用数据

c. 特定产品数据

ⅳ. 模型应与业主手册、制造商网站及其他电子文件建立链接。链接可以嵌套。

2.5.2. 交付

ⅰ. 承包商须提交数据丰富且包含内置数据库的 RVT 格式模型，模型中所有构件的详细程度须达到 LOD 500。

91

ⅱ. 总承包商可能被要求以与业主设施管理软件系统兼容的格式提交模型。施工完成之前业主会确定采用什么 FM 软件和与软件兼容的 BIM 文件格式。

ⅲ. 承包商还必须用 EXCEL 或其他需要的格式提交数值数据库。

3. 执行

3.1. 建模标准

Ⅰ. 总承包商应提供完整的 BIM 实施计划，包括每一阶段的建模需求与建模标准。总承包商必须在整个项目生命期，包括在建立业主运维数据库时，对模型、模型构件和构件属性的组织和命名提出强制性要求。模型作者应根据模型构件表创建模型，并给所有模型构件赋予正确属性。设计文件以 PDF 格式提供给总承包商。

Ⅱ. 建筑师可以向分包商提供包含 2D 和 3D 设计数据的电子信息，目的是让其对项目加深了解。建筑师或其他方都无法保证电子信息的正确性，因此分包商应自行承担使用电子信息带来的风险。分包商应意识到电子信息并不是合同文件，在使用电子信息之前，应检查电子信息与合同文件（设计文件）的一致性。

92

Ⅲ. 模型作者应按设计文件准确生成模型尺寸。任何尺寸偏差或假设必须写入差错报告并通知建筑师。

Ⅳ. 所有机械、电气、管道（MEP）系统必须能够在 Solibri 或 Navisworks 模型中对指定对象高亮显示，并且能使模型构件与制造商和运维手册等信息建立关联关系。

Ⅴ. 依据设计文件建立的建筑系统应与分包商提供的服务对应。

3.1.1. 最低建模需求

ⅰ. 交付的主 BIM 模型应包括所有以下描述的在现场和安装过程中创建的能够反映竣工情况的建筑系统模型。中期阶段和最终竣工阶段的交付模型应按照每一阶段的必要性与适用性要求尽可能多地包含建筑系统。

ⅱ. 每个模型中的构件应根据 LOD 要求，按照建筑、标高、立面最大限度地进行分解。

93

ⅲ. 模型构件的尺寸、位置和描述必须精确。需要使用模型生成效果图时，模型构件应包括颜色和材质等描述视觉效果的元素。

ⅳ. 建模应遵循下述最佳实践：

a. 使用基于面的对象。

b. 在模型中始终保持参数关联。

c. 不要使用与模型无关联的 2D 文件，应从模型中提取所有图纸。

d. 建模时使用正确的对象，也就是桌子使用桌子对象，而不使用板对象。后者虽有正确的外观，但并不意味着有正确的功能，可能看起来正确但不适合进行进度安排、开展分析和与其他软件互用。

e. 进行有效和准确的建模，也就是排除对象重叠，防止闭合墙体交叉，等等。必须充分利用软件能力确保模型精度。业主拒绝接受不精确的模型。

f. 创建并遵守 A/E 合同文档标准。

g. 构件和空间命名使用行业接受的名称。

h. 当产品信息无法获得时，可用长、宽、高非常接近的“概念构件”替代。

ⅴ. 对于业主采购、承包商安装的设备，参与安装的承包商负责检查 BIM 模型与供应商产品的一致性。如果业主使用了替换设备，BIM 模型必须更新。 94

ⅵ. 对于业主采购、承包商安装的设备，直到 BIM 协同之后供货商可能还没确定下来。这种情况下，BIM 模型可先不包括供货商信息，承包商和模型作者先根据设计文件进行协同，待业主选定设备后，再对 BIM 模型做出调整。

ⅶ. 承包商可能会对改建、扩建项目的所有相关现场条件进行建模，但建模范围应根据项目需求而定。这些需求可在项目计划书中说明或在项目启动会上讨论。BIM 实施计划应明确定义建模范围。

3.1.2. 命名规则

为了和其他参与方或不同专业的模型作者进行文档交换，BIM 作者必须遵守下述文件命名规则。

项目编号 _ 项目 _ 组织 _ 阶段 _ 专业 _ 楼层 _ 区 / 楼 _ 版本 _ 日期 .ext

例：10-1234_ABC_XYZ Company_DES_ARCH_L01_B1_V02_2011-01-14.rvt

表示：2011 年 1 月 14 日发布的由 XYZ 公司创建的 ABC 项目 1 号楼 1 层设计阶段 Revit 建筑模型第二版。

项目：项目名称

组织：总承包商应在所有分包商和模型作者最终确定后提供组织名称。 95

阶段：

阶段：	DES	设计阶段
	CON	施工阶段
	ABS	竣工阶段
	FMT	设施管理和技术阶段
专业：	CIVIL	现场施工
	ARCH	建筑
	STRUC	结构
	MECH	机械
	ELEC	电气
	PLUM	管道
	FP	消防

FED 联合模型

楼层： LUG 地下

L1-Ln 1~n 层

PH 阁楼层

ROOF 屋顶层

版本：V01—V99，V 加上两个数字表明模型版本号

日期：2011-01-14，以 YYYY-MM-DD 格式表示文件发布日期

3.1.3. 详细程度

所有模型作者必须遵守的建模深度要求（LOD）。

3.1.4. 信息交换

96

总承包商应提供信息交换平台。信息交换平台应基于网络并使用 SSL 通信。总承包商根据请求应向个人提供 IP 地址。用户账户不能共享，应采取链式监控安全措施。信息交换平台的规范和实施计划应在实施前通过业主审批。

3.2. 3D 建模协议

所有构件应根据模型构件表建模。承包商应在模型构件表中设定 MasterFormat 分项。

3.2.1. 建筑建模

建筑模型的每一模型构件可在详细程度（LOD）上有所不同，但至少必须囊括在以（1/4″ =1′ - 0″ ）比例绘制的图纸中描述的所有特征。附加的最低模型需求包括：

ⅰ. 空间：模型包括清晰定义净面积、净容积的空间以及房间名与房间编号信息。模型还应包括客户提供的规划信息。将规划信息与设计空间比对，能够验证面积数量。特定模型构件建模将在模型构件表中进一步描述。

ⅱ. 围墙与幕墙：外墙与内墙用精确的厚度、长度、宽度和级别（材料厚度、保温、隔音和耐火性）进行描述，具有自动生成平面、剖面、立面及设计构件透视图等必要智能。模型应指明墙体的结构功能（非承重或承重）、装修信息和墙体功能（外墙或内墙）。可按照墙体类型选择颜色、图案填充。耐火墙使用红色，挡烟板使用灰色、内部非耐火墙使用绿色。此外，构件代码参数应来自 MasterFormat 2004 编码 / 名称。应检查房间边界参数，外墙的定位线应位于外露面。

97

ⅲ. 门、窗、百叶窗：应精确描述厚度、长度、宽度、开关方向和分级（材料厚度、保温、隔音和耐火），具有自动生成平面、剖面、立面及定位图和模型构件透视图等必要智能。能够自动生成门窗表。构件代码参数应出自 MasterFormat 2004 编码 / 名称的墙功能（内墙或外墙）。

ⅳ. 屋顶：模型应包括屋顶的组成、布局、坡度、排水系统和主要洞口，具有自动生成平面、建筑剖面和描述屋面设计构件所需的墙剖面的必要智能。构件代码参数应出自 MasterFormat 2004 编码 / 名称。

ⅴ. 楼层：楼板应在结构模型中创建，建筑模型引用结构模型的楼板信息。构件代码参数应出自 MasterFormat 2004 编码 / 名称。

ⅵ. 顶棚：模型应包括高度、顶棚尺寸、吊顶，顶棚材料和其他信息，具有自动生成平面、建筑剖面和描述顶棚设计构件所需的墙剖面的必要智能。构件代码参数应出自 MasterFormat 2004 编码 / 名称。

ⅶ. 垂直运输构件：所有连续的垂直构件（竖井、建筑楼梯、扶手和护栏）应进行精确描述，并具有自动生成平面、立面和剖面的必要智能。构件代码参数应出自 MasterFormat 2004 编码 / 名称。 98

ⅷ. 特殊构件和木制品：所有建筑特殊产品（卫生间配件，卫生间隔断，扶手栏杆，储物柜和展示柜）以及木制品（橱柜和柜台）应进行精确描述，并具有自动生成平面、立面和剖面的必要智能。构件代码参数应出自 MasterFormat 2004 编码 / 名称。

ⅸ. 明细表：应依据设计文件生成门、窗、地板、墙面装饰、指示标牌、材料和装饰物明细表。

ⅹ. 防火墙穿越构件：每位建筑系统模型作者应对穿过防火墙、防烟墙、楼板和顶棚的所有构件进行建模（不管构件尺寸大小）。此外，每位模型作者应对墙、板洞口或套管系统建模并加“防火 / 防烟穿越”标注。构件代码参数应出自 MasterFormat 2004 编码 / 名称。

xi. 室内设计 BIM 协议

a. 标识：模型应包含所有标识并能自动生成平面图和统计表。构件代码参数应出自 MasterFormat 2004 编码 / 名称。 99

b. 家具 / 摆设 / 设备（FFE）：提供 FFE 构件的三维展示功能。FFE 每个构件的细致程度可以不同，但至少必须囊括在以 1/4″ =1′ – 0″ 比例绘制的图纸中描述的所有特征。构件代码参数应出自 MasterFormat 2004 编码 / 名称。

c. 家具：每一模型构件的细致程度可以不同，但至少必须囊括在以 1/4″ =1′ – 0″ 比例绘制的图纸中描述的所有特征，还应包括所有相关办公设备和家具系统布局，并能生成用于完整描述家具系统位置和尺寸的平面图、剖面图、透视图和立面图。

d. 系统协同：需要使用电、通信系统、数据、管道的家具或有其他类似要求的家具应能生成协同文档和数据。

e. 摆设和设备：摆设和设备建模应满足布局要求，并能生成平、立、剖面图和明细表。

f. 明细表：能由模型生成家具和设备明细表，说明材料、外露面和机电需求。有关特定模型构件建模将在模型构件表中进一步描述。

100

3.2.2. 结构建模

结构模型的每一模型构件可在详细程度（LOD）上有所不同，但至少必须囊括在以 1/4″ =1′ – 0″ 比例绘制的图纸中描述的所有特征。附加的最低模型需求包括：

ⅰ. 地基：所有的基础和独基构件，并能生成平面图和立面图。构件代码参数应出自 MasterFormat 2004 编码 / 名称。钢筋不用建模。

ⅱ. 楼板：结构楼板必须进行精确描述，包括所有凹槽、挑边、垫板和主要洞口。

ⅲ. 钢结构：用于屋顶和楼层系统（包括平台）的所有钢柱、主梁、次梁和支撑，能够生成钢框架平面图和相关建筑、墙剖面图；角钢和可能与其他专业产生冲突的支柱、连接、加固板、楼梯、平台和桁架。

ⅳ. 现浇混凝土：所有墙、柱子和梁，能够生成描述现浇混凝土构件的平面图和建筑、墙剖面图。

ⅴ. 膨胀伸缩缝：应按照规范对接缝进行精确描述。

ⅵ. 楼梯：结构模型应该包括楼梯系统所有必要的洞口和框架构件，能够生成描述楼梯设计构件的平面图和建筑、墙剖面图。

101

ⅶ. 管井道和坑道：结构模型应该包括所有必要的管井道、坑道和洞口，能够生成描述这些设计构件的平面图和建筑、墙剖面图。有关特定构件建模将在模型构件表中进一步描述。

3.2.3. 机械设备建模

机械设备建筑系统模型的每一模型构件可在详细程度（LOD）上有所不同，但至少必须囊括在以 1/4″ =1′ – 0″ 比例绘制的图纸中描述的所有特征。附加的最低模型需求包括：

ⅰ. HVAC：所有必要的供暖、通风、空调和特殊设备，包括送风管道和排风管道、控制系统、扩散器、支架、检修通道门和散热片，能够生成描述这些模型构件的平面图、立面图、剖面图和明细表。应对所有直径大于1.5英寸的管道建模。构件代码参数应出自 MasterFormat 2004 编码 / 名称。

ⅱ. 机械设备管道：所有必要的管道、固件及相关设备，能够生成描述这些模型构件的平面图、立面图、剖面图和明细表。应对所有直径大于 1.5 英寸的管道建模。构件代码参数应出自 MasterFormat 2004 编码 / 名称。

ⅲ. 设备间隙：模型中所有 HVAC 和管道设备之间应有足够间隙，以避免冲突和满足正常运维（读表，打开阀门，维修等）的空间要求。可将预留间隙作为管道和防火系统的一部分建模。这些间隙区可用不可见实体模拟。 102

3.2.4. 电气设备建模

ⅰ. 电梯设备：模型应该包括必要的设备和控制系统，能够生成描述这些模型构件的平面图、剖面图和立面图。

ⅱ. 电气设备 / 电信：电气设备建筑系统模型的每一模型构件可在详细程度（LOD）上有所不同，但至少必须囊括在以 1/4″ =1′ – 0″ 比例绘制的图纸中描述的所有特征。

ⅲ. 内部电源和照明：所有必要的内部电气元件（照明设备，插座，专用和通用电源插座，灯饰配件，配电板和控制系统），能够生成平面图、详图和明细表。应该对电缆桥架线路进行建模，但不必包含电缆细节内容。家具 / 设备中包含的灯具和电源应该包括到模型之中。有关特定构件建模将在模型构件表中进一步描述。

ⅳ. 特殊电气系统：所有必要的特殊电气元件（例如：安保，广播系统，扩音装置，护理呼叫，控制系统），能够生成平面图、详图和明细表。构件代码参数应出自 MasterFormat 2004 编码 / 名称。

ⅴ. 接地系统：所有必要的接地组件（例如：防雷系统，静电接地系统，通信接地系统，屏蔽接地系统），能够生成平面图、详图和明细表。构件代码参数应出自 MasterFormat 2004 编码 / 名称。 103

ⅵ. 通信：所有现有的和新的通信服务控制装置与连接，包括地上和地下，能够生成平面图、详图和明细表。应该对电缆桥架线路进行建模，但不必包含电缆细节内容。应对直径超过 1.5 英寸的通信电缆进行建模。构件代码参数应出自 MasterFormat 2004 编码 / 名称。

ⅶ. 室外照明：室外照明模型应该包括所有必要的照明设备、已有的和计划布置的支持管线及所需设备，能够生成平面图、详图和明细表。构件代码参数应出自 MasterFormat 2004 编码 / 名称。

ⅷ. 设备间隙：所有照明和通信设备间隙以及危险区都应建模。构件代码参数应出自 MasterFormat 2004 编码 / 名称。

3.2.5. 管道建模

管道：所有必要的管道系统和固件、楼层和区域排水系统、检修门以及相关设备，可自动生成平面图、立面图、建筑 / 墙剖面图、竖管示意图和明细表。应该对所有直径超过 1.52 英寸的管道建模。有关特定模型构件建模将在模型构件表中进一步描述。 104

ⅰ. 设备间隙：应对所有管道设备间隙建模。

3.2.6. 消防建模

消防：消防系统模型的每一模型构件可在详细程度（LOD）上有所不同，但至少必须囊括在以 1/4″ =1′ –0″ 比例绘制的图纸中描述的所有特征。附加的最低模型需求包括：

ⅰ. 消防系统：所有相关的消防元件（支管、喷嘴、配件、排水器、泵、蓄水池、传感器、控制面板、检修门），可自动生成平面图、立面图、建筑/墙剖面图、立管图和明细表。模型应包括所有消防管道。有关特定模型构件建模将在模型构件表中进一步描述。

ⅱ. 消防警报：所有消防警报器、广播设备和检测系统，可自动生成描述这些模型构件的平面图。有关特定模型构件建模将在模型构件表中进一步描述。

3.2.7. 特殊设备建模

ⅰ. 特殊设备建模应该包括但不限于使用 BIM 建模软件或者专业 3D 软件对餐饮服务规划、医疗规划、图书馆规划、视听/通信、陈列设计和安保规划进行建模。创建出的模型应该包括所有几何、物理特征以及用于描述设计和施工作业所需的产品数据。模型可以生成图纸和报表以备评估、审查、招标和施工使用。在任何情况下，都应能够验证模型构件之间的间隙和对模型构件进行冲突检查。构件代码参数应出自 MasterFormat 2004 编码/名称。有关特定模型构件建模将在模型构件表中进一步描述。

105

ⅱ. 门开关区域、检修空间、仪表读数预留空间等间隙空间必须作为设备的一部分建立在模型之中，并应检查其是否与其他构件冲突。

3.3. 4D BIM 协议

模型应能与 Primavera 或 Microsoft Project 进度软件连接进行 4D 进度模拟，对施工过程中的场地、地势、道路、人行道、基础、结构和建筑装修进行描述。4D 模拟应作为一种可视化施工进度模拟先进手段辅助业主进行定期项目检查。模拟软件包括但不限于 Synchro 或 Navisworks Timeliner。模拟应该以周为单位展示规划好的施工作业与顺序，其中包括起重机械和主要设备的安装过程。4D 进度模拟应从建模完成时开始，在施工文档 100% 完成和地基施工前一个月时进行更新。应提供三套模拟方案。

3.4. 模型质量控制需求

ⅰ. 项目启动会议开始前，总承包商必须提交一份 BIM 质量控制流程文件，着重说明为保证模型质量应该采用的流程、方法学和技术。

106

ⅱ. BIM 模型作者应该按照制造商产品规范进行建模以保证模型质量。所有制造商的产品规范，包括精确的尺寸、型号都应纳入到建筑、结构和 MEP 模型构件之中。

ⅲ. 总承包商的 BIM 经理应在 BIM 模型建模前选择一个共用参考点。为所有模型推荐的参照点是（0，0，0）。完成某一楼层建模后，新楼层构件建模可以使用相对完成楼层的相对高度定位。

ⅳ. 模型作者在交付模型之前或在与其他模型作者交换文件之前应清理模型并移除临时工作内容，包括不必要的背景资料。

ⅴ. 任何附属于图纸的特定注释应该放到模型的专用图层。应能从模型中提取 2D 图纸与表格。

3.5. BIM 专业协同协议

3.5.1. 协同启动

BIM 启动会议开始之前提交的 BIM 执行计划必须包括一项专业协同管理方案。总承包商的 BIM 经理应组织所有分包商和建模人员参加协同启动会议。会上必须强调合同要求、协同过程、进度安排、相关标准（背景使用和更新、模型原点、计量单位、图层与颜色分配、文件上传时间、系统优先级、间隙和为运维预留空间需求、标注的使用以及通过软件进行碰撞检查的方式）、角色与职责、文件管理以及禁止事项。业主可要求总承包商示范如何利用 BIM 技术实现建筑系统协同。业主可获取协同信息但并不承担协同责任，也不对协同进行指导。 107

3.5.2. 协同进度计划

总承包商的 BIM 经理负责准备和维护支撑总体项目进度计划的施工前期模型协同进度计划，指明进行协同的各个里程碑节点。总承包商的 BIM 经理应从所有参与建模流程的顾问及分包商处获取信息以保证可以达成非常实用的施工前期进度安排。绘制与交付协同图纸、建筑师审查、构件加工时间与构件交付期都要在模型协同进度计划中加以考虑。

3.5.3. 协同协议

ⅰ. BIM 经理负责每周更新、整合 Solibri 模型，每周举行冲突检查会议识别和解决空间干扰问题。总承包商的 BIM 经理和所有具有 MEP 资质的分包商 BIM 专家通过每周会议定位所有的冲突并加以解决。

ⅱ. 建筑系统优先级：下表列出了协同过程需要考虑的建筑系统优先级。该表按降序排列。解决没有在设计文件中体现的冲突时，由 BIM 经理确定建筑系统优先级。 108

a. 嵌壁式照明设备和支架

b. 设备位置和维护空间

c. 物流传输和物料输送系统

d. 高处钢支架

e. 排污管道和屋顶排水

f. 管道系统

g. 消防系统（自动洒水系统）

h. HVAC 管道

i. 通风管道和医用气体管道

j. 电缆和桥架

k. 抗震支架

l. 防火套管

m. 耐火墙分区、洞口和入墙式支撑

n. 顶棚之上石膏板分区支撑

o. 阶梯式或倾斜的顶棚、檐口板

p. 顶棚抗震支撑

q. 控制装置

r. 检测装置

s. 混凝土墙、柱子、楼板和梁中的洞口、套筒

t. 维护构件

109

ⅲ. 每次协同会议必须使用冲突检查软件生成一份冲突报告。冲突报告必须包括：

a. 冲突位置

b. 冲突描述——包括专业

c. 冲突图片

d. 负责解决冲突的团队

e. 解决方案

ⅳ. 记录会议上讨论的所有解决方案。

ⅴ. 所有记录必须在协同结束后提交以备将来参考，进而达到节约成本和时间的目的。

3.5.4. 文件传输和协作

总承包商应编写文件传输导则。总承包商有责任提供 FTP 服务器并为每位参与者设立用户账户。文件命名应严格遵守前述的命名规则。

3.6. 竣工模型

施工模型应更新至竣工并达到 LOD400 的详细程度。承包商应在施工开始之前提交各参与方同时提交竣工文件的流程供业主审查。提交竣工文件不能拖拖拉拉，同时提交是强制性的。业主决定如何组织竣工信息。

在这一阶段，BIM 经理开始收集存入模型的运维信息。

3.7. 设施管理模型

3.7.1. 最低需求

设施管理数据必须伴随建模进展随时录入。录入数据的最低需求必须包括但不限于：

Ⅰ. 阶段 1——设计：所有专业的所有构件通用数据 110

ⅰ. 构件的物理特性

a. 设施 ID

b. 设施名称

c. 设施描述

d. 尺寸

ⅱ. 构件的空间位置

a. 区域 / 空间名称

b. 区域 / 空间编号

c. 房间名称

d. 房间编号

e. 楼层 ID

f. 楼层名称

g. 楼层描述

h. 楼层标高、层高

ⅲ. 空间确认

a. 总面积

b. 租用面积

c. 面积确认

ⅳ. 建筑规范确认

a. LEED 数据

b. 相关的建筑规范

c. 防火等级

Ⅱ. 阶段 2——施工：施工和竣工阶段相关专业的通用数据

ⅰ. 来自制造商技术规范的组件与产品 ID

a. 组件 ID

b. 组件名称

c. 组件描述

d. 属性

e. 制作者名字 111

f. 制造商

g. 序列号

h. MasterFormat 编号

i. 模型编号

j. 订单编号

k. 产品 ID

l. 产品名称

m. 生产年份

n. 配件信息

ⅱ. 来自制造商技术规范的产品或构件材料

a. 材料 ID

b. 材料 ID 列表

c. 材料名称

d. 材料描述

e. 系统 ID

f. 系统功能

g. 系统名称

h. 系统描述

ⅲ. 施工顺序与物流

a. 物流 ID 列表、信息和描述

b. 行动 ID、代码和描述

c. 任务 ID、名称和描述

ⅳ. 安装信息

a. 安装 ID 列表

b. 安装名称

c. 安装制造商

d. 安装模型

e. 安装序列号

f. 安装标签号

g. 安装描述

112

ⅴ. 产品运维信息：质保、担保与成本

a. 产品类型

b. 专业

c. 更换成本

d. 预计寿命

e. 文档 ID 和列表

f. 文档名称、目录、文件名称、类型

g. 手册 ID

h. 手册名称和描述

i. 担保者 ID 列表

j. 质保 ID

k. 质保者名称和描述

l. 质保起止时间

m. 备用件 ID，类型

n. 备用件提供者 ID 列表

o. 备用件集合 ID

p. 备用件名称和编号

q. 备用件描述

r. 供应商

s. 说明 ID

t. 说明名称

u. 说明描述

ⅵ. 调试信息

a. 测试 ID

b. 测试名称与描述

c. 认证 ID

d. 认证名称和描述

e. 启动与关闭任务 ID

f. 紧急任务 ID

Ⅲ. 阶段 3——业主入住（设施管理）：包括但不限于每个产品的管理和运维数据。

ⅰ. 所有承包商、制造商、供应商、安装分包商、内部 FM 团队的合同信息　113

a. 合同名称、地址、电话号码、电子邮箱

b. 公司

c. 部门

ⅱ. 资产管理

a. 产品 ID 和名称

b. 序列号

c. 条形码 / 资产标签

d. 年维护成本

e. LEED 相关数据

f. 服务商

ⅲ. 预防性维护

a. 产品 ID

b. 维护计划、频率

c. 资源配置

ⅳ. 产品特定信息

a. 例如：瓦特数，能源消耗

3.7.2. 施工数据收集

施工数据必须符合总体施工技术规范要求。BIM 经理必须保证所有数据是正确和最新的。在建筑师修改了任何产品或相关技术规范的情况下，总承包商有责任通知 BIM 经理并提供需要更新的数据集。

3.7.3. 运维数据收集

随着施工不断向前推进，总承包商必须收集已安装建筑产品的手册和运维数据，并在将要发布新版模型之前提交。BIM 经理应根据业主需求，确定哪些内容要在施工阶段发布。BIM 经理有责任为总承包商收集所有有用的信息。

114

3.7.4. 数据录入协议

应提供给总承包商一份专用的 EXCEL 电子表格，其中包含所有产品信息。电子表格包含字段检查规则，只有不违反规则的数据才能录入表格。

3.7.5. BIM 数据输出协议

交付成果的 BIM 数据应以专有文件格式提交。此外，还应提交一份 IFC 文件。所有数据都应形成文件。文件可包含各种文件链接和数据集链接。

章节要点总结

- 业主应该清楚利益相关方创建 BIM 模型是出于自身的利益。
- 建筑设计过程的四个阶段分别是策划阶段、方案设计阶段、扩初设计阶段和施工图设计阶段。
- 策划阶段也就是确定“计划”的活动过程，其成果为确定出建筑必须实现的需求集合。
- 方案设计阶段注重总体设计。
- 在扩初设计阶段，将方案设计优化为最终设计。

- 施工图设计阶段将重心从设计转移至创建施工文档，这些文档将由总承包商使用进行建筑施工。
- BIM 为承包商提供了在工作车进入施工现场之前发现设计问题的能力。
- 与其他参与方相比，承包商是利用 BIM 进行施工过程模拟的推动者。
- 通过按照施工过程创建 BIM，承包商有能力在施工开始前发现和解决设计问题。
- 建筑产品制造商的 BIM 模型包含大量关于产品的信息。
- BPMs 为其产品提供的信息越多，他们的产品被选入建筑物的机会就越大。 115
- 建筑师和工程师使用制造商根据产品真实信息提供的 BIM 对象后，BIM 的工程量统计能力得以提升。
- 应该意识到业主支付了从建筑规划到施工的所有费用。
- BPMs 创建的 BIM 对象不仅对工程量统计和交付过程具有价值，同时对促进建筑师、工程师与建造师的协作具有重要意义。建筑师、工程师在设计中选用了建筑产品，建造师在施工中购买并安装了建筑产品。
- BIM 构件库管理软件可让用户方便地组织、管理、命名和查询 BIM 构件，对创建 BIM 模型很有帮助。
- 业主的 BIM 应是设计师、承包商及 BPMs 模型的组合，包括一栋建筑从规划到完成、从调试到移交整个过程的所有信息。

第3章

117

BIM的转型升级

转型升级，或者称为科学革命，最初由托马斯·库恩（Thomas Kuhn）在他的《科学革命的结构》（The Structure of Scientific Revolutions）一书中提出，并用该名词描述科学理论基础的重大升级。此后，“转型升级”这一术语作为事件基本模式的一种转变被广泛应用到了很多领域。虽然库恩试着限制这一名词的滥用，但其还是在自然科学领域被广泛应用。

近几年，这一名词进入营销词汇，并逐步发展成流行词汇。在营销词汇中，转型升级代表了个人、复杂系统或组织机构的一种彻底的改变，即用一种完全不同的思考或组织方式代替原先的方式。转型升级是一个推翻已知模式并重新开始的过程[1]。如库恩所言，“转型升级改变了研究的基本概念，并激发出新的标准、新的技术以及新的理论和实践方式。”尽管库恩只考虑了科学领域，但转型升级在其他行业仍然适用。在转型升级中，当新概念改变了一种业务的方方面面时，人们习以为常的事情都会面临改变，就会产生转型升级。BIM正是一种转型升级。但对于行业内许多早期探索BIM的人来说，实现转型升级缺乏信息技术和专业人才，无法进行BIM的应用。只有BIM对行业相关业务产生全面影响，BIM对行业的转型升级才能被行业广泛接受。

118

当前BIM正在改变建筑行业内的一切。比如应业主的要求，建筑师和总承包商在工程中使用BIM。总承包商为了提升施工能力也开始使用BIM。随着BIM逐渐普及到建筑、工程和施工（AEC）行业，建筑师开展BIM应用比较顺利，却在如何对BIM收费方面遇到了问题。业主认为建筑师提供的BIM设计与原来的设计没有明显优势，致使建筑师无法对BIM服务单独收费。

BIM正在影响设计过程，设计师已将BIM作为生成施工文档的工具，因此业主没有理由为施工文档支付比计算机辅助设计（CAD）更多的费用。调查发现，同样达到30%的扩初设计（DD）量，使用BIM比使用CAD时增加很多工作量。原因在于，由于CAD文档不具有智能性，

119

当建筑师使用CAD时，工作量一开始很小，但会随着项目的进展不断增加，因此建造师完成的施工文档（CDs）包含的信息远比扩初设计阶段图纸中的信息多。

BIM对取费方面也产生了影响。BIM应用需要建筑师创建族和模型，这些工作大部分在交付30%扩初设计之前就完成了。此时建筑师面临着两个问题，首先他们只能按照传统的条款对客户收费。这意味着他们做了大量的BIM前期工作无法在设计阶段兑现，只能到项目后期才有可能对此付出进行收费。其次建筑师需要提供给业主新型BIM交付成果才能对其收费。目前，由于业主更关心较低价格，而并不在意建筑师如何创建施工文档（CDs），因此BIM无法成为收取更多费用的理由。如果建筑师想应用BIM收取额外费用就需要提出合理解释，而不能简单回应说BIM可以帮助他们进行更好的设计，因为这样业主就会对过去建筑师提供的图纸产生质疑。建筑师不能为提供BIM服务收取额外费用已经成为一个显著问题，已影响到许多建筑公司的财务和现金流。向业主提供一个可用于设施管理的BIM模型是一种解决方案，这将要求建设方整合所有竣工变动和分包商信息，为业主提供进行运维和未来建筑改造时可使用的BIM模型。在这种情况下，建筑师有机会将BIM模型有偿外包给可以创建和维护模型的第三方供应商，从而专心从事最擅长的设计工作。

BIM同时也影响着IT部门。为了发挥BIM的功能和效率，公司必须使用最新的硬件和软件，需要每年对台式工作站和笔记本电脑进行更新，以充分发挥BIM的优势。IT问题还不仅仅局限于台式工作站和笔记本电脑，还包括服务器和网络环境。由于BIM软件是内存和存储空间“贪婪的消耗者”，因此公司必须购买强大的服务器和存储设备来保存数据量不断扩大的BIM文件（一些单个文件可超过300MB）。除服务器之外，还需要购置备份所需的软硬件来防止灾难性的数据丢失。此外，为保证公司获取最新的BIM软件更新和技术支持，需要支付初始采购费和年度服务费。这些软件采购价格在5000~11000美元之间不等，每年每个授权ID年度服务成本花费在695~1345美元之间不等。软件成本分解见图3.1。

120

随着开发成本不断增长，软件开发商正在减少软件旧版本技术支持的时间，为持续获得软件支持服务，公司不得不比预想更频繁地购买新软件。再加上对BIM服务的需求不断增加，使得BIM的应用情况更为恶化。

软件名称	初始采购费	年度服务费
Revit Architecture	$6,000.00	$695.00
NavisManage	$11,000.00	$1,345.00
Solibri	$7,000.00	$1,000.00

图3.1 软件成本

除了努力克服软件成本和文件存储问题，建筑师、工程师和总承包商还必须处理网络基础设施本身的问题。为了使硬件和软件功能得以最大化利用，公司需要对网络基础设施进行升级，有时还需用到网络优化软件，例如Riverbed Technology. IT部门必须注重的另一问题则是机构的网络传输速度。公司必须拥有快速的网络传输速度来保证最小的网络延迟和内外网的大文件传输。搭建高速网络的成本近几年总体呈下降趋势，但自去年起开始平稳增长，这也造成网络升级费用不菲。事实上，公司的网络升级将花费很多费用，并且绝不会是一次性投入。因此，若不站在公司战略计划的角度考虑，这些IT成本将显得十分昂贵。许多公司对IT具有战略性的眼光并将其看成从事建筑工作的必要手段，IT领导力正逐渐涌现。 121

BIM也正影响着法律部门。建筑师在软件和IT成本之外还面临着许多问题。建筑师需要了解项目的监管、业绩评价以及交付施工文档（CDs）的方式。建筑师需要考虑是否需要业主为BIM模型支付费用以及模型中信息真实性问题，也需要明确提供BIM模型及施工图纸将承担的责任。业主除了面临BIM可交付成果的规范性问题，还需考虑BIM将会如何影响其他业务部门，例如人力资源部门。

公司面临的一大挑战即是BIM转型升级对人力资源部门的冲击。从笔者的经验看来，转型升级过程中许多公司都会允许员工自由发挥，因为所有事情都是崭新的并无任何标准可供参考，但这样做的结果会导致定义和一致性的缺失。这种缺失对人力资源工作造成了显著影响，因为需要将职位锁定一段时间以便于对新员工进行面试。例如目前BIM协调员的职位描述很不清晰，不同公司之间大相径庭。在大多数公司中，项目经理将会想要了解谁在为他工作或谁为这些工作买单,员工的能力如何以及对其工作的预期。由此判断员工是否能为项目增值或因此浪费预算。如果一家公司确实决定加入新职位，那么这个职位必须要有明确的定义，说明此人能够和不能够提供什么，还需要观察整个行业来确定他们的职位和工作内容与其他公司相吻合。

典型案例

122

当我在工程部门工作并需要雇佣新员工时，会将需求通知到HR部门。我所在的公司对于工作任务和职责的划分非常细致。如果我需要3名三级混凝土专家，我会将需求告诉人力资源经理，由她确保我可以找到正确的人员。换言之，当我做出请求时我清楚可以得到什么样的人员。当我看到“BIM协调员”被列在我的工作人员名单上时，我对其知识和能力并无太大信心。我开始询问关于其工作经验、教育背景以及行业知识。为了得到验证，我会要求他们提供证书和过去工作的案例，为此公司不得不去了解这些细节。BIM现有的培训通常是为了学习使用软件。这使我想起1994年,互联网才刚兴起,我居然看到一个空缺职位招聘“拥有十年网页设计经验的网页设计师”。

相反地，有些人对于BIM非常了解，可以说将BIM融入自己的生活中。他们利用非工作时间在博客上搜索BIM，也许车上还挂着“BIM大师”的执照。这些人是真正的BIM专家，才是企业真正需要留住的人才。问题在于他们通常供不应求，在很多情况下，他们的薪资通常非常高。BIM重要性逐渐提升，以至于在如此不景气的经济下，BIM专家仍要求更高的工资，这些要求往往都可以得到实现。一些小公司无力支付他们的高薪，而许多大公司也无法提供薪水标准的合理性证明，这使得这些公司在BIM人才管理方面处于劣势。目前，BIM已经触及建筑行业的各个方面，因此行业确实正在经历一次转型升级。所有事物都在改变——包括建筑师事务所与客户合作的方式，甚至整个AEC行业也都在转变过程之中。为了更好地理解这一过程，将一家公司的要素分解为三项：员工、流程和平台。现在，我们来看BIM是如何影响这三个方面的。BIM通过建模影响员工，绘图人员如今用BIM建模替代了非智能的二维设计方式。另一变化则是建模人员在建模过程中可以实施模拟建造的过程，这是以往二维方式下无法实现的。建模人员还可以进行不同的软件系统的集成，并且可以获取比二维方式更多的建筑的信息。BIM正在影响设计流程，对网络、服务器和工作站提出新的需求，影响到企业的平台。在对行业开展的一项调查发现，大多数开展BIM应用的公司倾向于购买最高配置的服务器、工作站和笔记本，这是因为BIM软件对内存、处理器速度、存储空间和视频能力要求甚高。

123

典型案例

加利福尼亚有一家机构雇用了一位虚拟施工副总裁。看到此处，第一个闪现在脑中的问题应该是“什么是‘虚拟施工’？”。在我们行业中，虚拟施工指利用计算机建造3D建筑的能力。进行虚拟施工并不仅仅是在Revit、Bentley、BIM或任何其他软件中建立一个大的模型，它要求建立的过程完全遵照建筑在现场施工的方式。理解了虚拟施工的概念后，下一个问题变成这个人是否真的是副总裁。在大多数例子中，答案是否定的。此人是高水平的BIM人员，对薪水的要求超过了机构薪酬级别所允许的范围。为了雇佣此人，机构必须设置一个副总裁级别的职位以便支付此人要求的薪水。这是一些大公司所采用的办法，在一些付得起高薪的小公司，有些BIM经理赚的与合伙人一样多。虽然这些公司是不得已才向BIM人员支付高额工资，但随着BIM进一步普及，行业内对高素质BIM人员存在巨大的、持续增长的需求，因此这也代表一种薪水发展的趋势。BIM在大多数机构中不应该只是一份工作，而应体现出一种能力。

124

由于AEC行业对改变的接受速度很慢，因此BIM的转型升级会长期存在，其冲击让人难以察觉。探索其他行业的转型升级可以为研究 BIM 转型升级提供参考。

历史上的转型升级

由于 BIM 引起了 AEC 企业的转型升级，可参考过去的一些类似的案例。一次影响了美国乃至世界上大部分人的转型升级是从普通邮件（也称为“蜗牛邮件”）向电子邮件的转变。这个过程中有一个中间步骤，就是传真。在 20 世纪早期，所有书信资料都是通过普通邮件或电报发送的。电报用于简短、紧急的交流，普通邮件则用于所有其他形式的书面通信。普通邮件邮递速度比较缓慢，但却是唯一一种可以便宜及可靠地传递书面资料的方式。随着时代的发展，电话的使用量增加了，使许多原先使用的书面通讯转变为了语音通信。然而，普通邮件仍然用于发送公文，明信片和信件。随着 20 世纪 50 年代传真机的问世，人们开始习惯在通过普通邮件发送原始文档之前发送一份传真。这种通信模式简化了房地产等一些行业的文档传输工作，因为通过普通邮件发送住宅报价单是一个缓慢的过程。有了传真机之后，房地产中介可以将文件通过传真发送而不用通过专人或普通邮件发送。这也使得银行在偏远地区开展业务更为容易，因为即使他们远在千里之外，也可以及时地获取所需的信息。

1965 年，第一个电子邮件系统在麻省理工学院（MIT）建立，该系统被称作邮箱，仅供 MIT 内部使用。电子邮件彻底改变了信件与通信的概念，唯一的局限是必须连接互联网。电子邮件在 1965 到 1980 年之间的使用仅在大学计算机网络内使用。普通大众直到 20 世纪 90 年代才接触到互联网。1990 年，互联网使用量不到美国人口的 1%。如今，这个数字增长为 75.9%。 125

邮件信息系统可以即时传送邮件。随着科技的进步，公文、照片和类似的东西同样可以通过电子邮件发送。电子邮件对社会影响深远，过去人们需要花费几天或几周等待回复，如今人们只需要数分钟。今天，世界范围内有超过 6 亿人在使用电子邮件。在美国，电子邮件变得如此普遍，以至于由美国邮政管理局（USPS）传送的普通邮件数量开始下降。图 3.2 显示了过去三个年头三个季度一级邮件的数量。可以看到，在过去三年中一级快递数量下降了 5191003 件，占总数量的 10%*，由 2008 前三季度的 26344045 件下降至 2010 年前三季度的 21153040 件。

速度成为了电子邮件使用量飞速增长的驱动力，速度同样对历史上另一次转型升级产生了影响。

1876 年由 A·G·贝尔发明的电话机带来了另一次缓慢的转型升级。电话机直到 20 世纪 20 年代才得到了广泛应用。到 20 世纪 50 年代，超过 80% 的美国人拥有电话机或可以使用电

---

* 原书错为 20%。——译者注

一级邮件的数量（USPS提供）					
季度	2010年	变化率（%）	2009年	变化率（%）	2008年
1	8,141,613	(7.20%)	8,769,168	(10.30%)	9,773,164
2	6,555,367	(12.50%)	7,898,894	(11.20%)	8,451,281
3	6,456,060	(8.10%)	7,026,386	(13.50%)	8,119,600

图3.2 USPS表格

话机。正如AT&T一则著名广告所说，“伸出双手接触别人”。电话机提供了一种前所未有的联系朋友和家人的方式。这种可以快速连接不同城市、不同国家甚至整个世界的语音交流的能力被迅速应用到商业中，电话会议在增加。商人发现有些会议不必见面就可以通过电话会议进行，这使得公司节约了一大笔出差费用以及减少了出差耽误工作带来的损失。

126

电话会议的下一个大的升级是视频会议。电话会议的一大缺点是人们无法在会议过程中看到彼此，这意味着人们无法读取对方的身体语言。这也是为何销售代表倾向于面对面的会议而非举行电话会议，因为在销售交易中肢体语言非常重要。以上的这些障碍随着视频会议的使用被清除了。如今企业可以通过举行视频会议而不必让员工飞往会议城市，由此每年可以节约成千上万美元。视频会议还用于人际交流，例如Skype, MSN Messenger, Yahoo! Messenger等等。这些进步已经彻底改变了我们与人交流的方式，同时使得我们不仅可以和当地人交流同时也能与世界另一端的人对话。这些技术已经变得非常便宜和普遍。

回顾历史上的转型升级时，还必须看到从电报到固定电话再到手机的转变。正如上面提到的，电报用于紧急、简短的通信，固定电话则使交流方式根本性的改变，人们可以实质地交谈而非发送书面信息。这是一次巨大的转变，它使得人们与过去相比得以更频繁地进行联系。手机的发明则进一步改变了这种状态，它提供了人们一个一周7天每天24小时可以联系的机会。笔者稍后会在本章中对手机进行更深入的探讨。

对转型升级的回应

AEC行业是第一个对BIM转型升级做出回应的，从开始就认识到BIM给行业带来的转型升级。但许多建筑公司和总承包商因为不愿意改变做事方式，仍在使用CAD而完全没有考虑使用BIM，甚至将BIM视为对现有状态的一种威胁，他们抗拒BIM，始终不承认本行业发生了转型升级。

127

一旦公司认可了转型升级的发生就必须加以适应，公司需要考虑转型升级对其业务会产生何种冲击以及如何应对。首先要认识到转型升级的发生并愿意接受改变，接下来结合公司商业模式制定出新的解决方案。公司可采取的第一步是进行 SWOT 分析。SWOT 分析是指一家公司辨析其优势、劣势、机会和威胁的分析方式。本章稍后会对 SWOT 分析进行深入解释。

业主的反应滞后于 AEC。大部分业主面对转型升级并未形成实施框架。由于缺少必要方法论，一种更为简单的方法论被开发出来供业主使用，叫作 4E 法则。尽管该方法为 BIM 而定制，但也可以应用于任何的转型升级。事实上，这一方法是由原先电信行业的咨询工作催生的，在“互联网”刚兴起的时候，电信行业中电话业务的领导层难以理解“互联网”的重要性以及对其业务的影响。4 个 E 分别是：

1. 培训（Educate）
2. 评估（Evaluate）
3. 体验（Experience）
4. 执行（Execute）

4E 方法论的好处在于它适用于任何规模的任何业主。当业主想要“体验尝试”时，这种方法特别有用。图 3.3 将 4E 法则总结为一张图表。

培训阶段是最为关键的一步。供应商提供的培训一般会带有倾向性，因此，业主必须自己制定一套系统方法来进行 BIM 培训。许多业主认为 BIM 培训应涵盖实际 BIM 应用中所有的 128

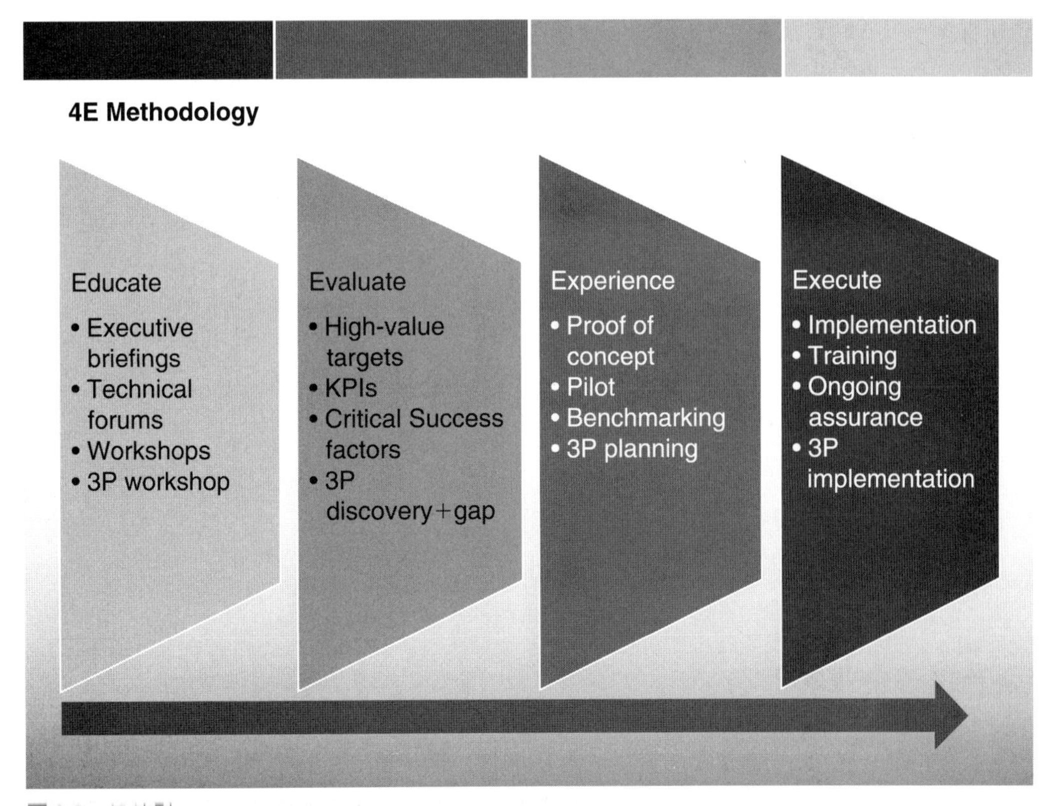

图 3.3 4E 法则

内容（顺便提一句，拿起这本书也是重要的第一步。）。业主的培训方案应自上而下，可以通过简报、研讨会、讲座及白皮书等方式来实现。目前市场上有大量的可用信息，但必须分析这些信息的权威性和倾向性。由软件公司编写的白皮书具有一定价值，但必须知道其中的信息是有倾向性的，因为它很可能是软件公司营销部门的意图。任何免费教育并不真正是免费的，再怎么隐藏都是一种行销手段。免费教育是一个很好的起点，然而在有些情况下，必须进行无倾向性的培训。软件培训是一个好的方式，但对业主来说更重要的是理解和发掘BIM对企业的价值。只有当业主明确了BIM如何在企业发挥作用时，BIM才会产生价值。

129 培训阶段投入的多少在评估阶段可以非常清晰地观察到。评估阶段工作致力于是否能寻找到三个以上的高价值目标。高价值目标是指利用BIM带来的潜在最大化收益。如果缺乏对BIM功能和局限性的良好认知，可能难以识别这些高价值目标。在完成这些高价值目标的识别后，了解其相关的关键业绩指标（KPI）非常重要。许多高价值目标都可以计算真实KPI进行考核。高价值目标的发掘始于价值描述，例如："BIM有助于施工进度安排"，该价值描述的KPI是计划完成时间与实际完成时间的差异（可能百分比）。下一个需要发掘的指标是成功关键因素。成功关键因素是指与公司整体成功相关联的因素。在之前的例子中，假设公司是一个零售集团，改进的施工进度安排可能与成功关键因素相关，因为可以通过更快的速度配置零售门店来实现获取市场份额。

完成对三个高价值目标的评估后，必须对它们进行优先顺序排列，为下一个体验阶段做准备。

这三个高价值目标将作为概念验证（POCs）进行分析。根据这些POCs，编制出BIM执行计划，目的是将BIM作为一种改革性的技术加以利用来解决问题。项目会根据执行计划实施，因此计划的设计可以直接影响KPI，执行结果会被记录和汇总。例如目标是减少项目的信息请求（RFIs），RFIs的数量就是KPI，过程是通过施工前识别的RFIs与实际施工过程中会出现的RFIs数量作出对比分析。这些例子中POCs并未产生直接结果，但可以成为应用于下一POCs的学习经验。测试阶段的反馈和结果则将运用于执行阶段。

130 测试阶段允许在理想环境下管理BIM，重点关注企业的有形收益，这个过程也应列入在BIM推广计划中。该计划不可能一夜之间完成推广并适用到每个项目中。举个例子，一家大型零售商可能决定在东南地区所有新建工程中推广BIM技术，但在实施过程中可能在五年中每一年对一个地区推广BIM技术。

由于业主能依靠培训以较少的投入学习到很多内容并收到回报，因此这种方式十分有效。

转型升级对企业的影响

转型升级中一个很大的改变是企业从重视本地协同向重视专业团队合作的转变。过去，建筑师和工程师都在一个地方工作，通过本地内部协同就可以完成所有工作。公司员工中的大部分都不与外界联系也不雇佣顾问。现在，由于地理和技术的原因使得相关公司变得更为专业化。如果一家建筑公司负责一个医院项目并且需要一名机械工程师，他们可以找最近的、最便宜的、最方便的机械工程师，也可以找一家拥有众多医疗保健和医院项目经验的公司合作。公司需要在这两个选项间进行选择。只要建筑公司和专业经验的机构在同一个州注册过，那么就可以在项目中与这家机构合作。行业已经进步到允许在全国甚至全球范围内寻找到专门提供最佳相关服务的公司。我们可以雇佣这些专业团队，而不是必须与当地机构合作。一个很好的例子来自防水咨询行业。如果总承包商在迪拜参与一个项目，他们会与美国当地的公司合作吗？除非当地机构拥有这一领域的专门知识并有能力跨境工作，否则答案就是否定的，他们将与拥有丰富经验的专业公司合作。目前，这些专业公司的防水专业顾问正飞往世界各地从事专业服务。在施工行业以外的领域我们也能看到这一现象。例如，在过去6年中，中东地区有了飞速的发展与扩张，但发展速度过快带来了施工方面的显著问题。随后的两年内，我们将看到迪拜由于这些施工问题而出现大量的诉讼，目前主要的建筑法律事务所已经在迪拜成立了办事处。再次声明，我们看到的将是专业律师事务所而非本地的一般的机构。换言之，业主不会在迪拜看到像在美国一样处理建筑诉讼的律师还同时处理离婚和破产案。这个例子说明了如何找到最有经验的合作公司。这种专业化趋势将我们工作的方式改变为“找到最合适的合作公司，然后由他们来搞定专业的工作。” 131

文化评估

20世纪由技术带来的改变使我们从封闭式公司（拥有尽可能多领域的专业知识独立实体）转向追求更多合作的公司。30年前，Heery就是封闭式公司的好例子，它试图在内部完成尽可能多的工作。如今，我们发现公司间的合作更为紧密，每个公司专注于自身的专业领域，而非试图成为所有问题的专家。从封闭向协作，从通用型转向专业型，我们的交流方式也经历了从面对面交流向利用Facebook, Linkedin及其他社交媒体网站进行在线社交的巨大转变。与过去相比，这些网站使我们得以与更多的人进行联络。一个人可以说他或她在Facebook上有400名好友，但通常不会是真正的朋友，而只是泛泛之交。社交网络工具可能缺乏效率，但传播的能力是很强大的。招聘和人力资源（HR）部门也开始广泛使用这些社交媒体发掘潜在候选人的信息。我们还能看到HR部门，有时甚至是部门主管也在使用这些网站。

公司还为员工提供了通过企业资源规划（ERP）系统进行协作的环境。这些ERP系统是一个综合系统，有些公司ERP系统基于互联网，还有一些基于局域网，用于管理内部和外部资源。ERP的目的在于促进所有业务部门之间的信息流动（也就是协作）。随着我们从封闭式向协作式转变，我们的企业文化同样在改变。过去，如果需要财务信息，往往需要亲自去财 132

务部门或者打电话甚至发送备忘录提出信息请求。有了ERP系统，我们不需要亲自前往财务部门，因为可以通过ERP在线获取所需要的信息。所有这些进步使我们不禁思考，到底是技术驱动了文化抑或是文化驱动着技术。

在许多地区，技术的发展已经超过了我们适应的速度，促使我们需要努力迎头赶上。我们经常在医疗领域看到这一现象，新型特效药可以延长人的寿命，却无法改善生命质量，这使人们纠结于是否应该使用这种药物，而新药品通常会在长期持续的法律审查中失去上市的机会。另一个技术驱动文化的例子则是MP3播放器。过去人们受限于在本地市场播放的无线电台，只能选择听音乐或是广播。如今有了MP3播放器，人们不需要打开收音机就可以下载自己想听的音乐。这对无线电台存在很大冲击，其收听率在过去几年显著下降。购买单个曲目并存储在MP3上的消费方式对唱片业也造成了很大影响，唱片业至今仍在努力适应这一转型升级。消费者使用MP3与过去收听电台相比收听范围更狭窄，如今他们可以关闭不喜欢的音乐类型的频道。这使我们对之前那位在Facebook上有400位好友的人引发了思考，我们不禁质疑，是此人非常外向所以交到这么多朋友还是此人非常内向因此不得不将Facebook作为其交友平台。如果答案是后者，那么技术无疑正在驱动着文化。

133

技术应用的速度

自20世纪90年代以来，“转型升级”这一名词被用来代表由技术进步引起的生活方式的改变，有种观点认为“技术驱动文化而非文化驱动技术”。对这种改变很好的例子则是手机的发明和使用。在美国，固定电话在19世纪后期取代了电报并且到了20世纪60年代后期已进入95%的美国家庭并成为语音通信的主要工具。从20世纪20年代起，科学家致力于发明移动电话。在20世纪20~40年代之间，这些努力并未受到重视，这是由于当时的文化正在适应从电报向固定电话的转变。与此同时，手机研究取得了进展，并在1973年四月利用移动电话打出第一个电话时达到了顶点。第一代手机的问题在于技术尚不成熟因此在商业上不具有可行性。如果在20世纪70年代超过12岁，他或她可能见过声名狼藉的“大哥大”，这些初期移动电话非常笨重而且非常昂贵，只有富人才能用得起这些手机。即使他们购买了手机，也面临着打电话给谁的问题。在20世纪70年代中期到后期，因为大多数人并没有手机，所以手机持有者想通过手机联系他人并不是十分方便。第一代手机或移动电话由于其体积、重量、成本及信号问题而没有流行起来。早期电话吸引了乔福瑞·默尔（Geoffrey Moor）在《跨越鸿沟》《Crossing The Chasm》一书中所称的“尝新者”。这些尝新者总是站在技术的前沿，想要尝试下一个新事物而不计较成本和产品效果。为了理解尝新者，我们需要理解乔福瑞·默尔技术采用生命周期中的五个要素：

1. 尝新者

2. 早期接受者

134

3. 早期大众

4. 晚期大众

5. 落后者

早期手机并未流行起来的失败并不意味着研究和发展就此停止。手机进入了乔福瑞·默尔所称的“鸿沟”。鸿沟是当一款新产品问世后由于较低的接受率从市场被打回或清除。于是这些产品被重新加工和改进以备今后重新上市。问题在于最初的产品已经被喜欢使用新技术的尝新者和早期接受者所接受。当手机制造商试图改造手机让其更为实用时，正是它跌入鸿沟的时刻。手机在 20 世纪 80 年代中后期跳出鸿沟，此时技术终于跟上了手机的理念。在这段期间，国内用户数目增加了 50% 以上，直到 1991 年用户总人数达到 750 万。到 20 世纪 90 年代，新增手机用户每年增速仅为 25%~27%。尽管第一部手机诞生于 1973 年，但直到 1987 年美国手机用户数才达到 100 万，并且直到 2000 年才突破 1 亿人。图 3.4 展示了美国 1985 至 2008 年美国手机用户数量的变化。

Year	Subscribers	Percent Change	Year	Subscribers	Percent Change
1985	340,213		1997	55,312,293	25.59%
1986	681,825	100.41%	1998	69,209,321	25.12%
1987	1,230,855	80.52%	1999	86,047,003	24.33%
1988	2,069,441	68.13%	2000	109,478,031	27.23%
1989	3,508,944	69.56%	2001	128,374,512	17.26%
1990	5,283,055	50.56%	2002	140,766,842	9.65%
1991	7,557,148	43.05%	2003	158,721,981	12.76%
1992	11,032,753	45.99%	2004	182,140,362	14.75%
1993	16,009,461	45.11%	2005	207,896,198	14.14%
1994	24,134,421	50.75%	2006	233,000,000	12.08%
1995	33,758,661	39.88%	2008	262,700,000	12.75%
1996	44,042,992	30.46%			

图 3.4 手机用户数

另一个展示鸿沟阶段很好的例子则是触屏手机。个人数字助理（PDA）（类似手机），出现于20世纪90年代早期，当时十分笨重且不好用。由于实用效果并不好，这些终端未能成功吸引早期接受者之外的用户而陷入了鸿沟，直21世纪初期iPhone问世才重新走出鸿沟。iPhone虽然销量很高但也只占了美国手机市场4%左右的份额。如果我们观察智能手机的市场份额，则会发现iPhone自2010年6月起控制了60%的市场份额。当产品跳出鸿沟，它将转向乔福瑞·默尔所称的“早期大众”阶段。

通过以上案例，我们对技术生命周期有了更好的理解，接下来就需要研究判断BIM正走向或远离鸿沟。这是一个好问题，因为我们发现一些中型建筑公司非但不增加Revit许可证数反而在逐年减少。有些人会认为这暗示着BIM正走向鸿沟，也有人认为这更多的是因为经济对公司的冲击带来的影响而非技术影响。例如一家公司由于经济衰退不得不裁掉一些员工，导致持有200个Revit许可证却选择只更新其中的50个。该公司拥有一项“后入职先辞退”的政策，导致大量精通BIM的员工被裁。一旦这种情况发生，则公司剩下的是对CAD更为精通的人员，为了使项目按时完成，公司不得不放弃约150个Revit许可证并将其转为AutoCAD许可证。对这家公司而言，BIM使用量的减少直接与糟糕的经济状况相关。在与这家机构CEO对话的过程中，他暗示了若经济形势好转，机构必将重新雇用BIM员工并加强Revit的使用。笔者对他的建议则是把这个过程看成是一个培训有CAD经验的员工接触BIM的机会。

135
136

如果公司打算启用BIM，首先需要判断他们处于技术应用曲线上的位置并做出必要的行动来保持技术更新。例如，如果公司是落后者，在制定企业BIM实施策略时，经理向上司提出500万美元的BIM应用预算，这可能导致他职位不保。如果公司是尝新者或早期接受者，那么在预算和ROI中将有更多余地。公司对于BIM可以有不同的战略，在执行BIM时必须一步一个脚印，循序渐进以取得更好的回报。

2010年，我们在全国范围内举办了超过30次BIM应用简介会。每个地点的参与者在20~100之间不等。在这些会议中，我们根据默尔的应用生命期理论进行了一次简单的调查：

1. 你认为自己处于曲线的哪个位置?

2. 你认为你们的公司处于曲线的哪个位置?

3. 你认为会议室里的同事处于曲线的哪个位置?

有趣的是，几乎所有参与者将自己标榜为比所在公司更早的接受者，并相信自己是公司中的技术领导者。这些技术领导者中的大部分实际上却不在公司中处于领导地位。大部分参与者认为会议室里的其他公司在技术采用上比他们所在的公司领先。

另一个有趣的调查则要求参与者从1~10对自己评级，10代表专家而1则代表他们刚听说BIM。大部分人对自己的评级大于等于7（有些人甚至将自己评为20）。

事实上在AEC行业内BIM并未受到公司层面的采用。因此，目前感受到BIM转型升级痛苦的并非公司层面而是一个部门层面，但这种感受不久将会在公司层面盛行。业主的驱动力

将继续成为推广 BIM 的催化剂。然而，几乎没有业主从本公司层面推广 BIM。 137

正如我们所见，伴随着转型升级的发生，许多公司经历了诸如抛弃现有成果重新开始的问题。大部分公司无法做到中止当前业务专注于 BIM 整合，但有些非常小型的公司能够做到这一点。另外这个过程需要彻底改变与客户交付和互动的方式。如今他们为客户设计并展示 3D 渲染效果图而非平面的 2D 渲染效果图，然而多数公司并不拥有这样的机会。所以说采纳技术很简单，而适应业务才是真正的挑战。一些公司必须在现有公司框架下转型升级的同时仍然按传统方式交付现有项目，这就要求进行战略规划。我们首先要做的是进行 SWOT 分析，其中涉及甄别公司的优势、劣势、机会和威胁。这是战略规划的核心部分。当机构执行 SWOT 分析时，应该从两个视角看待它：机构的视角和经理的视角。转型升级既关乎公司将何去何从又决定了经理5年内的职业将如何发展。战略规划的关键并不在于将厚厚一摞文件进行存档，所以在制定战略规划时要保持文字的精炼和简洁。

吉姆·柯林斯（Jim Collins）的《从优秀到卓越：为什么有些公司的飞跃……和别人不一样》（Good to Great：Why Some Companies Make the Leap…and Others Don' t）是我的必读书籍之一。这本书中，柯林斯介绍了刺猬理念，从本质上陈述了简单的就是最好的。柯林斯强调了科技的几个关键因素：

- 从优秀到卓越的公司对技术和技术变更的思考有别于平庸者。
- 从优秀到卓越的公司会避免技术狂热和从众，然而他们却会成为科技应用的先锋者。
- 任何技术的关键问题是，“这种技术正好符合你的刺猬理念吗？”，如果是，那么你需要成为这种技术应用的先锋者。如果不是，那么你可以等待检验或完全忽略它。 138
- 从优秀到卓越的公司虽不是技术的创造者，但将技术作为前进的加速器，一旦他们掌握了适合他们的技术并取得突破，他们都会成为这种技术应用的先锋者。
- 其他竞争者即使采用类似前沿技术，仍然无法创造出相似的结果。
- 公司如何应对技术改变决定了其走向卓越或平庸，卓越的公司以深思熟虑和创造性将企业潜力转化为结果；平庸的公司则由于害怕落后而仓促地进行回应[2]。

第 4 章

139

战略规划

战略规划是公司决定其发展方向，并作出资源分配决策使其向预期方向发展的方法。在转型升级过程中，制订战略规划十分关键。大多数公司每年都会制定一次战略规划，但每个公司的重视程度都有所差异。这个过程一方面有助于公司制定长远目标，另一方面还能为日后项目实施打下基础。根据公司相互间的差异，战略规划的涵盖范围通常在 1~5 年之间。BIM 的实施执行要以成功的战略规划为基础。

根据笔者的经验，战略规划中有两个因素至关重要，分别为清晰度和强度。一份成功的战略规划应向所有利益相关者提供清晰明确的阐述，然后才能部署高强度的工作内容。高强度的执行过程使得公司能够合理分配资源并达成目标，还提供了增加额外资源和提前完成目标的机会。很多公司的商业战略规划并未足够清晰就开始高强度地分配资源，结果仍然无法达到预期的目标。由于缺乏清晰度，很多工作投入被浪费掉，因此需要增加额外资源才能够达成既定的目标。

140

典型案例

一家大型建筑公司的 CEO 参加了一个国家建筑会议，看了 BIM 相关的汇报，听取了同行对于 BIM 的投资。回到公司之后，在一次员工会议上，他询问团队对于 BIM 的了解，并说明竞争者已经开始重点应用 BIM，而他们已经落后了。信息技术（IT）部门随后接到了在公司内实施 BIM 的任务。于是 IT 部门开始策略地实施，在评估市面上 BIM 软件之后购买了相关软件和新的硬件设备。随后他们开始接受培训以熟练掌握 BIM。接下来，管理层收到了实施 BIM 成功的报告，业务开发部收到了企业已经具备 BIM 能力的消息。

于是企业在新的项目中打包BIM服务一同报价，最初的预算是建立在IT部门对项目了解的基础之上，结果是团队执行BIM工作，但花费了最初预算三倍的费用，并且BIM成果对于项目团队毫无用处，仅仅把BIM应用变成了一次营销活动。自此之后，该公司后退一步，开始制订战略规划。

制订战略规划的方法有多种，笔者最常使用的方法是进行SWOT（优势、劣势、机会和威胁）分析。尽管总体来说SWOT分析并不是一种战略规划方式，但这是一种能够容易实施的好方法。另外这种方法不管是从企业层面还是单个建筑项目层面而言都是能够容易落地的。

业主开展SWOT分析

*SWOT分析*是用于评估项目或业务所具有的优势、劣势、机会和威胁（见图4.1）的一种战略规划方式。

优势：有助于达到预期目标的企业特质。
劣势：妨碍达到预期目标的企业特质。
141 *机会*：有助于达到预期目标的外部条件。
威胁：妨碍达到预期目标的外部条件。

Action (Build/Buy/Partner)	**Strengths**	**Weaknesses**
Opportunities	1.People 2.Process 3.Platform *How do I use my strengths to take advantage of the opportunities?*	1.People 2.Process 3.Platform *How do I overcome my weaknesses that keep me from taking advantage of the opportunities?*
Threats	1.People 2.Process 3.Platform *How do I use my strengths to mitigate threats?*	1.People 2.Process 3.Platform *How do I overcome my weaknesses that will make these threats a reality?*

图4.1 SWOT分析表格

在 SWOT 分析中，一家企业基本上可以区分出优势、劣势、机会和威胁。当企业分析优势和机会时，重点考虑如何发挥其优势把握当前机会。为了更好地进行 SWOT 分析，企业需要回顾过去成功经验和分析资源中显著的优势，以及关注所有业务的优势和劣势。

这些优势和劣势不应仅仅局限于对外的能力。下面是业务中一些典型的方面：

- 销售——新业务
- 销售——财务管理
- 市场
- 业务开发
- 战略联盟
- 卓越运营
- 专业技术能力
- 公司文化
- 人力资源——职业发展
- 项目管理
- 项目财务
- 财务控制和政策
- 流程管理和文档记录
- 技术创新
- 信息技术系统
- 行业领袖地位

142

典型案例

企业要学会挖掘其优势。当我在一家大型工程公司工作时，发现财务是公司优势之一。这家企业非常注重财务，并将其从综合行政部门（G&A）转为独立的核心部门。财务部门发挥作用的一个好的案例是应收账款（AR）部门。AR 并不是我特别乐意做的一件事，所以并不处在我的任务清单前列。但当我的发票超过了 30 天，负责我账户的财务人员就会施加压力让我收回相应的账款。她会给我打电话并发邮件，如果得不到回应，她甚至会采用极端方法，到停车场看我是否已到公司，以便于跟我见面并出示所有逾期发票和复印件报告。除非我告诉她针对未付发票我会采取什么样的解决方案，否则她是不会离开。随后她会继续跟进直到所有发票的金额都已支付，这个过程中经常涉及“停车场”会议。更值得赞扬的是，她并非财务部唯一这么做的人，AR 的其他所有人和她一样执着。这家工程企业同样擅长于费用报告。

我们知道没有人喜欢做费用报告，许多公司通常规范正确填写费用报告的流程。我所在的企业将通常的劣势转化成了其优势，他们擅长培训员工填写费用报告以及按时提交。这一财务优势并非市场部门开发出来的，但它确实帮助这家企业获得了许多大型联邦政府的合约。会计准则使得他们可以轻易达成合同要求的费用而不会增加费用，而其他许多公司由于费用超143 出合同费用而无法承担联邦政府工作。强大的财务系统是赢得政府工作的必备条件，因为它们能与政府项目的流程和步骤良好地融合。值得一提的是，企业必须审视自身的方方面面来辨别自身的优势与劣势。并非企业的所有优势都会展现在企业网站或营销材料上。

业主的优势可以是利用强大的设施管理（FM）系统控制建筑运维成本的能力。

其实，每个企业应该认识到自身的劣势。这个过程与认识其优势相同，即通过审视其业务的方方面面。应该观察的第一个方面就是IT基础设施，这是贯穿于大多数行业的共同主线，但没有人觉得IT部门做得很好，相反总是觉得IT部门落后且无法跟上时代的脚步。企业IT部门的弱点可能被客户视为劣势。一些公司认为其基础设施是劣势，而另一些则对基础设施非常自信却觉得IT资源是劣势。

许多建筑师、总承包商、工程师及业主面临的威胁在于可否从使用AutoCAD转向应用BIM。在这种情况下，公司必须决定他们想要外包BIM或购买BIM软件。如果他们决定购买软件，还需要决定具体购买哪些软件产品。目前，BIM建模软件主要有三个，分别是Autodesk Revit，Bentley BIM（Microstation），以及Graphisoft的ArchiCAD。图4.2描述了2007年的市场份额数据。

在图4.2中，将Bentley 2D和3D产品绘制在了一张表格中，总共占了11%的市场份额，Graphisoft的ArchiCAD在“其他”类别中，AutoCAD的统计数字包含2D和3D产品。2007年，Architectural Desktop（一个AutoCAD环境中运行的一种建筑信息建模解决方案），本应在这张表中占很高份额，但从那时起，Autodesk将其重心放在Revit产品上而减少了对Architectural 144 Desktop的投入。通过我们对客户的非科学统计，他们中的大部分正在使用Revit，其次是

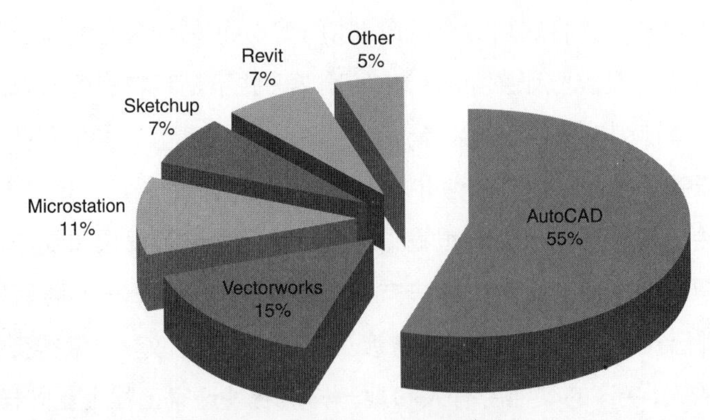

图 4.2 AEC 市场份额（来源：2007 Garner 调查）

Bentley BIM。本项研究应当将 2D 和 3D 产品分开统计以获得关于 BIM 真实使用量。本表格反映出 Revit 和 Bentley BIM 使用量的增加。

企业了解应该购买何种软件之后，有必要进行投资评估。在其他行业，企业购买软件之前，常会先购买咨询服务。而咨询服务的费用通常是软件实际花销的 5~10 倍。当前面临的最大挑战是决定花费多少钱进行 BIM 培训、咨询与集成。可惜在建筑行业，采购软件的做法通常与其他行业相反。我们大约将软件金额的 1/3 用于培训，咨询与集成，造成的结果是购买了工具，却不进行培训或很好地利用。这里有个误区，我们认为员工非常聪明而且可以进行网络培训，因此让员工接受网络培训就足够了。许多建筑、工程和施工（AEC）行业的公司通过这种方式接触新软件，而对培训结果的糟糕程度非常令人吃惊。这里的关键点在于企业应在购买任何许可证之前应制订一套培训实施计划。计划制订完毕后，管理者将意识到如果资金有限，那么购买较少的许可证而更关注培训会比较好。

典型案例

145

我曾经为一家大型分包商做过咨询工作，主要召开 BIM 执行会议与高官们一起讨论 BIM 以及 BIM 应用和组织结构的愿景，以及其对公司文化的影响。会议结束几天后，CEO 告诉我，在企业工作了很久的两名优秀员工告诉他如果机构打算实施 BIM 战略，他们将会辞职，因为他们不愿意被新技术所取代。我反问“如果他们辞职你打算怎么做？”我告诉 CEO 这是他展示领导力并引导企业业务发展的时刻，不该任由企业的未来被两名员工所支配。这种事情发生在许多不同的公司，管理层需要有所察觉并在开始实施 BIM 之前做好准备，对于这类问题的处理应该包含在 BIM 执行计划和战略中。

另一件通常发生的事情就是我们所说的，“我们来研究一下并准备启动 BIM 应用，因为有项目要上线了，我们将在这个项目中进行学习。”这种策略通常不会成功。问题的关键在于，建筑行业很少在项目开始前做充分准备。规划与战略的区别在于考虑问题的顺序不同，有点类似“准备，瞄准，射击”与“射击，瞄准，准备”的区别。可惜的是，所有人都倾向于低估 BIM 的花费。从 CEO 到建模人员，都觉得无须太多正式培训就可以应用 BIM。事实上，实践经验告诉我们：不要试图获得十个许可证，更好的方式是获取一个许可证并购买适当水平的培训课程。有些业主发现他们的 BIM 应用处于非常低的水平，因此需要决定是从头学起还是将 BIM 工作外包给另一家公司来完成。那么下面一个步骤就是进行风险评估。

当一家公司提前进行了规划并且关注面十分集中时，它可以进行投资回报率（ROI）评估。对于花费的每一分钱，公司理应期望获得项目回报。虽然有些公司不奢望通过 BIM 取得回报，仅打算实现收支平衡。但作为一个行业，我们应牢记如果花了钱，就应该得到回报，这才是

146

好的生意。例如，一家干线航空公司如达美航空或联合航空不会在分析收益之前购买任何飞机，他们会计算在飞机生命期有希望获得的回报。当业主开始执行 BIM 时，他们必须关注由此可获得的收益，即在建筑生命周期内 BIM 可以提供的 ROI。

问题在于当公司企图“一步到位”地应用 BIM 时，会倾向于不做计划直接购买许可证，这通常会导致在实施过程中饱受阻碍。一年后，他们回顾时会觉得在 BIM 所花费的已经超过了它的价值。类似的场景已经在无数公司内上演，这些公司缺少规划也没有盈利预期，失败之后怪罪于 BIM 而不明白其实是由于计划的缺失。如果公司没有良好的计划并且没有盈利预期，那么数据无法加以分析。如果存在良好的计划并且管理层抱有盈利预期，那么公司应该能够观察到哪些设立的标杆实现了以及 BIM 是否实现了盈亏平衡。这些公司应该也能够意识到并不能较早地通过 BIM 获得收益，而是预计在三年内实现盈利，盈利金额将会是执行 BIM 所用成本的 2~2.5 倍。我们必须牢记制定 ROI 计划非常困难，作为建筑师、工程师、总承包商以及业主需要做的事情也是非常复杂的。当企业试图一次完成所有事情时，实现全方位的管理变得极为困难。如果企业的针对面相对集中，那么它可以更容易地专注于收益并且进行良好的管理。

下一步，公司需要确定如何应对威胁。SWOT 分析表见图 4.1。在这张图表中，最难的象限就是劣势和威胁。“风险是指并非故意造成的，有可能会导致损害的事情。威胁则是由竞争者或敌对者造成的抵消公司所付出努力的事情。”[1] 若想克服劣势从而保证威胁不会成为现实，公司必须制定处理风险和威胁的计划。这是 SWOT 分析厉害的地方，因为公司必须找到解决方案，当然无所作为并不是方案。

147

典型案例

我与一家拥有很多 IT 问题的建筑企业合作过一些项目。这家企业拥有 60 多名员工，但 IT 部门仅有 3 人并且准备执行 BIM，因为管理者觉得如果不这么做将落后于其他企业。问题在于这家企业将其 IT 部门视为自己的劣势而非优势，原因是该部门仅仅能够勉强支撑公司使用 AutoCAD 软件，同时还要承担电脑维护方面的工作，因此通常需要花费几天诊断和解决一个故障。这些可以对任何企业造成巨大的隐患，因为软硬件故障会使所有工作无法继续进行。

这家企业对于 IT 劣势的解决方案是解雇整个 IT 部门的所有人。管理层认为 IT 部门一直在积累问题，没有能力支持整个公司的 Revit 推广应用工作。在真正解散 IT 部门前，管理层需要做出如何替代 IT 部门的决策。当他们审查一些选项时，他们意识到可以与另一家公司合作或者以合同形式从一家 IT 外包公司获取服务。这家建筑企业选择了与一家拥有大型 IT 部门的工程承包商进行合作，在此之前，双方已携手合作了近 20 年，对其 IT 部门印象颇深，并且这家公司已经开始了 Revit 的相关应用。

3Ps

3Ps 是指 People（人），Process（过程），Platform(平台)。人是指一家机构的员工或一个项目团队的成员。公司的第一步需要明白其拥有的最大的资产之一就是员工。为了使一家公司充分利用资源，必须首先了解员工。业主，建筑师及工程公司不仅需要了解其员工的优势和劣势，还需了解他们的欲望和需求。因为一名心情愉悦具有积极性的员工会比一名不满的员工表现好得多。公司还会发现如果员工享受所做的事情，那么他们将变成忠心耿耿的终身雇员。一个很好的例子是我做过顾问工作的一家公司，该公司部分员工工作时间长达 20 年，30 年甚至 35 年，他们享受自己的工作并对公司非常忠心。有些人可能将这一点视为劣势，因为他们觉得长期员工对于变革更为抵触。我却不这样认为，事实上，我觉得这是一项优势，因为它提供了企业的持续性和稳定性。长期员工所拥有的系统知识具有巨大价值，管理层面临的挑战则是保持员工积极性并利用这些知识为企业创造价值。 148

变革将会对公司内的人员造成一种普遍的不适应。Bryson / Yetmes 所著的《业主的困境》《The Owner's Dilemma》为实施变革编写了一套很好的指南，可以帮助缓解这种不适应。价值观和指导原则应该简洁、明了并且易于传播，应包括以下要点：

确保信息透明度，因为信息就是力量。

- 永远实事求是。

以活力和关怀领导企业。

- 清晰、一致、协同地进行管理。
- 创造一个可靠的，允许犯错的环境。
- 对事不对人。
- 平衡风险与收益。
- 勇于承担，有的放矢。

追求卓越

- 不仅仅关注建筑本身。
- 为了实现卓越而进行规划。

在最佳的时间和场合作出最有力决策。 149

- 培养具有好奇心和求知欲的文化。
- 创建人人参与的协作环境。

在事关团队成功时表现强硬。

- 维护团队利益。
- 尽早对困难进行讨论。

- 有矛盾及时解决，不要带着愤怒情绪过夜。

  建立与维持关系。

- 表达感谢很重要。
- 不吝赞美——这有什么损失呢？
- 在里程碑节点共同庆祝。

  满足员工工作所需要。

- 每次讨论应该以‘你需要我做什么？’这个问题结束。
- 我们并不需要一位英雄。”[2]

*流程*是指一个公司为了完成任务和项目所需要采取的步骤。任何事情都有一个流程，流程的一个例子就是公司如何处理销售电话。这些电话通常由某位员工接起，最有可能的处理方式是在销售管理系统（也被称为企业资源规划（ERP）系统）上创建一个联系人，随后进行信息录入。ERP 是一个整合诸如规划、采购、销售、营销、财务和人力资源领域的系统[3]。在 ERP 系统创建的联系人随后被转给相应的销售人员继续跟进，并根据跟进情况在销售管理系统中更新信息。如果这个人有兴趣采购，那么联系人转化成了一个潜在客户，这笔交易会记录在销售管理系统中。虽然这是关于流程的一个小例子,它展示了处理销售电话时的固定步骤。取得业务成功的关键在于为每件需要完成的事情创建流程。对于一名进行专业协同的总承包商，建立一个可应用于每个项目的通用流程是很重要的。如果缺少流程或计划，那么进行专业协同的努力极有可能会失败。因此，每家公司都应该自我审视是否拥有好的流程。业主应该关注新建筑交付流程并考虑是否能做得更好。记住，流程对于一家公司以及一个项目的成败是至关重要的。

150

平台，在大多数情况下，是指网络基础设施，包含台式机以及笔记本，还包括网络连接以及基于网络的项目管理、ERP 或者销售管理系统。如果公司的平台不稳定，其成功的概率将大幅降低。过去我合作过的一家公司为此提供了一个很好的例子。这家公司已经拥有优秀的人员和良好的流程，但平台却低于平均水平。该公司不想花钱升级服务器来满足存储空间、运行速度和内存要求，管理者觉得只需要安装一台有大内存和大容量磁盘的台式机作为服务器即可。正由于不愿意将钱投资于升级服务器，该公司实际上将所有业务置于险境。有一晚进行磁盘备份时，作为服务器的台式机崩溃了。由于是硬件导致的致命错误，所有数据都无法恢复。能拯救该公司的只有先前备份的数据，但不幸的是，最新的备份已经是 3 天前的了。也就是说，过去 3 天所做的所有工作都丢失了。该公司最后不得花费大量成本将这些工作重做一遍并升级了服务器，同时试图花钱恢复旧服务器的数据。所有以上费用给公司造成非常大的损失。公司应该理解拥有合适的平台对于项目以及整体成功是至关重要的，像这样的不幸事件更突显了公司发展对技术的依赖性。对于平台规划的投资也非常重要，这种依赖性正

在驱使许多业主甚至开始重视供应商的平台。从安全角度而言这是重要的，从绩效角度而言也同样如此，对于业主来说，设施管理系统更是如此。

尽管这是独立的三个领域，公司会发现它们其实是相互联系的，因为如果公司在一个领域失败，整个项目或公司都会受到波及。因而为了使公司在项目中以及相关业务中取得成功，花时间雇用优秀的员工，建立良好的流程，以及花费资金创建强大的平台都非常重要。 151

行动计划

为推动公司向前发展，有三种可行的做法，分别是自身进行变革、收购一家已经完成变革的公司或与这样的公司合作（战略联盟）。尽管制定行动计划需要注重实效，但完全不采取行动一定会带来最失败的结果。

> 当选择经营策略时，应牢记战略联盟仅仅是一种经营手段，如果在错误的时间运用可能对公司造成实质的伤害。管理者必须能够退后一步分析上述三个选项：自己变革、通过收购获得或战略合作。并不是说管理者非要选择其中的一项，对公司而言，真正的收益是管理者理解了三种方式后综合应用从而帮助公司找到新的市场定位[4]。
>
> 当公司在一个目标市场中已经具备“赢得战役”所需的必备技能和资源时，没有必要进行联盟。当需要控制一项特定技术、技能或能力来确保公司的长期成功和盈利时，没有必要进行联盟。当遇到稍纵即逝的机会，公司恰好拥有资本，而对方公司开出合理价位的时候，收购是一个比联盟好得多的答案。公司在战略设定阶段前期需要对三个选项权衡利弊，并在做出决定后要坚决地执行[5]。

章节要点总结

- SWOT 分析是用于评估一个项目或业务中所涉及优势、劣势、机会和威胁的战略规划方法。
- 优势是有助于达到预期目标的机构特质。 152
- 劣势是妨碍达到预期目标的机构特质。
- 机会是有助于达到预期目标的外部条件。
- 威胁是妨碍达到预期目标的外部条件。
- 为了进行真正的 SWOT 分析，公司应该回顾过去成功经验和分析资源中显著的优势。
- 目前用于 BIM 的三个主要软件应用是：Autodesk Revit、Bentley BIM(Microstation) 以及 Graphisoft 的 ArchiCAD.

- 企业应在购买 BIM 软件之前制订培训和执行计划及战略。
- 对于每一笔花费，企业都应该期望得到收益。
- 3Ps（人员、流程和平台）对于战略规划的有效性至关重要。
- 人员是指一家企业的员工或者一个项目团队中的成员。
- 流程是指一个企业为了完成任务和项目所需要采取的步骤。
- 平台，在大多数情况下，是指网络基础设施，办公的台式机以及笔记本。
- 在选择经营策略时，应牢记战略联盟仅仅是一种经营手段，如果在错误的时间运用可能对企业造成实质伤害。

第 5 章

153

策略

差距分析

企业制定计划时，需要对当前人员、流程和平台相关的状况有所了解，除此之外还应当明确所要达成的目的。不幸的是，达成目标的过程并不简单，因此必须起草一个方案来规划如何从当前状态发展到所期望的目标。同时，公司还必须意识到“所有因素都会对这个过程产生影响，包括具体的细节、日常的流程以及通常的工作方式。所有因素都需要进行分析和汇总；由于系统运行不能中断，所有工作都必须在业务流程的运行状态下完成”[1]，这是差距分析及改进计划过程中十分重要的原则。

企业必须制定全盘计划，并一步步实施，以便能够在朝着总体目标行进的过程中步步为营。这对于个体和企业整体来说都有积极的作用，因为如果个体或企业都必须等到总体目标的完成才能获得满足感，那么他们需要等待漫长的时间，在这个过程中会感受不到达成目标的喜悦。因此，公司在变更流程的过程中拥有中间目标对于项目整体的成功十分关键。正如 Roger Chevalier 在他的文章“差距分析回顾”中所探讨的，“以执行人员感觉可控的方式设定合理的 154 目标，这种方式可以激励他们更有动力逐渐减小效能差异”。[2]

图 5.1 和图 5.2 中所示的图像描绘了一项差距分析。业主必须做的第一件事是理清企业现状。例如，进行专业协同的总承包商的现状可能是存在计算机辅助设计（CAD）部门，或设 155 置几个绘图人员来支持施工经理的工作。施工经理会从建筑师处获得图纸和说明，然后让分包商（电气、机械、管道等）基于二维（2D）平面图（图 5.3）开展工作。总承包商发起专业协同会议，会议上基于 2D 平面图与建筑和结构设计师进行协同。这里用到了“协同”这一术

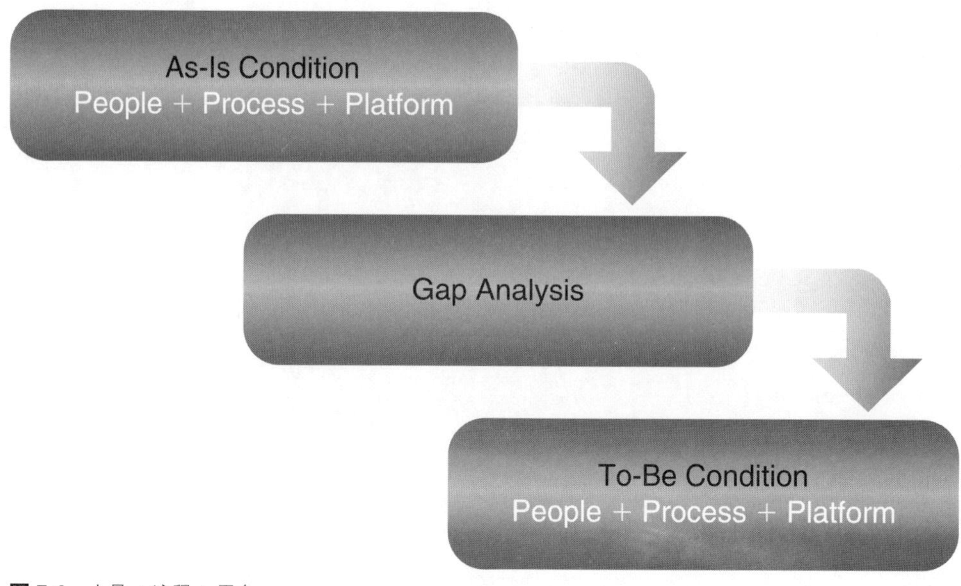

图 5.1 人员 + 流程 + 平台

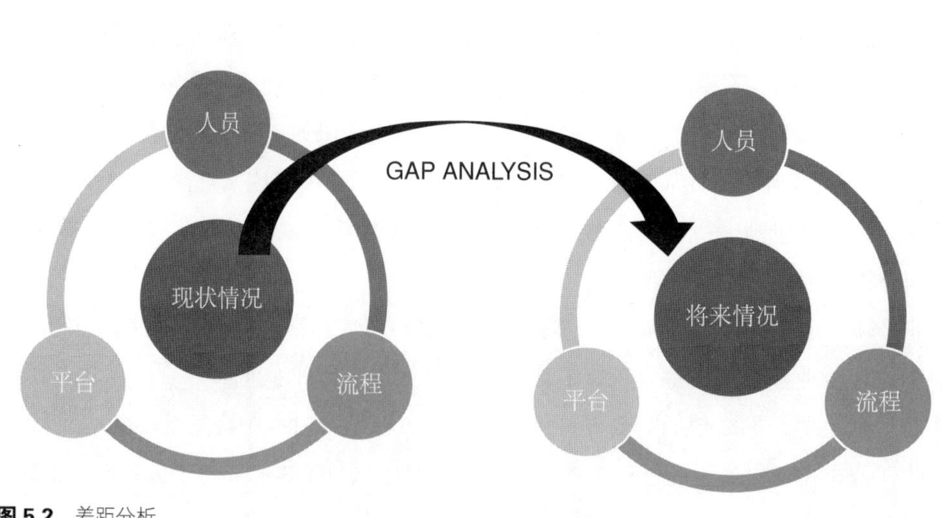

图 5.2 差距分析

语，但在 2D 环境下协同产生的作用十分有限。图纸在协同会议上审查过后，各分包商会根据审核意见进行相应的变更，然后在下一次协同会议上重新提交图纸，这个过程将持续到协同阶段结束为止。这种协同方式解决了很多问题，尽管在施工开始后工地上仍然会有遗留下来的问题需要解决。如果总承包商希望尽快进行 BIM 专业协同，那么在确定现状后应马上确定未来目标。

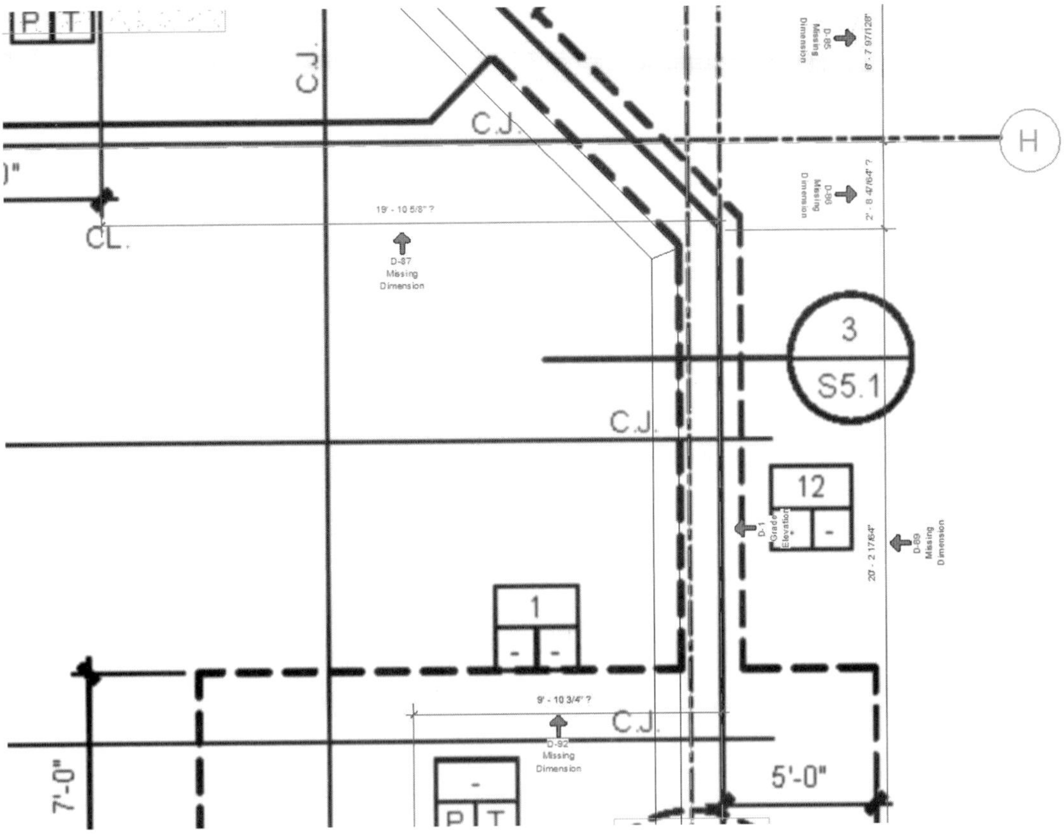

图 5.3 2D 平面图

未来形势

156

企业需要清楚地了解在工作完成后预期能达到的目标。如果总承包商希望创建自己的 BIM 部门，那么需要确定 BIM 部门具体的工作内容，内容的确认对于总承包商在建立自己的部门或是工作外包中做选择时显得十分关键。如果总承包商决定建立自己的 BIM 部门，那么需要决定将使用哪些软件。如果决定将工作外包，那么就将面临质量保证和质量控制（QA/QC）的问题，同时还要考虑有多少员工需要进行 BIM 培训来处理与外包团队的协作。这对于业主来说也是一个机遇获得项目更多的掌控权，进而可以决定由谁、如何来应用 BIM。

正如在总承包商的案例中所提到的，企业需要决定将使用哪些软件。如今市场上主要的 BIM 软件产品为 Autodesk Revit，Bentley BIM，Navisworks 和 Solibri。企业面临的一大问题是所选择软件之间的兼容性，以便让所有的分包商可以共享模型文件，当模型文件在不同软件之间传输数据时，需要考虑解决信息丢失的问题。例如在 Autodesk Revit 和 Bentley BIM 之间数据转换就是一个棘手的问题。如果模型是在 Rovit 中创建的，那么导到 Bentley BIM 中时会丢失很多信息。这里所提到的信息指的是模型中所有对象的相关信息。美国陆军工程部队（USACE）在项目中主要用 Bentley BIM，正是由于 Revit 转换到 Bentley 时会造成这种信息丢失，因此 USACE 已经开始要求所有的模型都采用 Bentley 原生文件格式。所谓 Bentley 原生文件格式，是指用 Bentley 创建的模型文件，而不是从 Revit 或其他软件中转换或导出的模型。这项规定使得不采用 Bentley 软件的企业越来越难实施 USACE 的项目。由此看出，兼容性对于正在软件选型的企业来说十分重要。随着业主 BIM 需求的确立，之后的实施过程很像风险投资的过程。因为一旦做出软件采购的决策，公司接下来需要决定将使用何种类型的计算机来满足所选择软件的需求，同时还需要决定支持所选软件的存储和传输所需的服务器和网络设备。

157

人员配备是未来形势发展所需考虑的另一个重要因素。企业需要确定建模人员的数量以及 BIM 应用后是否会对预算员的数量产生影响。还需要考虑目前的 CAD 绘图人员是否能够通过培训掌握 BIM 技术以及需要对多少项目经理进行 BIM 培训。

> 努力达成目标是人类的天性，但传统企业长期以来对此并不重视。企业为达到利润的最大化而实现的目标最大化正成为一种努力方向和指导原则。在公司中，催生“完成目标的动机”的方式主要有三种：对达成目标的行为予以奖励，培养员工针对目标的兴趣，将员工目标与企业目标统一。这种利益最大化与目的最大化成对出现的情况能够给建筑行业带来新的活力，并重新塑造这个世界。[3]

差距分析

前文所提到的总承包商在差距分析中要做的第一步是获取其硬件设施的基本信息。正如 Juan 和 Ou-Yang 在他们的文章“商业流程差距分析系统研究法”中所提到的“准确了解企业流程与最佳实践流程之间的差距是成功实施项目的关键。”[4] 同样，公司需要对软件和硬件的差距分析，需要确认台式机、手提电脑和服务器是否达到所选择的 BIM 软件的速度和内存需求。如果无法达到需求，要尽可能的对系统进行升级。如果无法进行升级，那么就需要购买全新的设备。设备和软件的成本可能会影响整体的计划执行进度，还可能决定 BIM 应用规模大小。如果成本过高，那么总承包商可能不得不缩小规模或调整计划执行的进度。例如，某企业原本打算今年一次性增加 10 个 BIM 工作站，分析过后认为成本过高，最后决定在今年添加 5 个新的工作站，下一年再增加另外 5 个。差距分析的美妙之处在于，如果操作得当的话，公司能够在一开始识别其中的绝大多数问题，并在购买设备前调整实施计划。另一个需要考虑的因素是当前的网络情况是否能够支持向分包商、建筑师和外包合作伙伴进行快速的文件传输。

158

软硬件需求确定后，下一个需要考虑的是培训。公司需要决定哪些人需要培训，并决定将哪些 CAD 绘图人员转变为 BIM 建模人员。

通过对职员的审查，公司选取部分员工完成从 2D 工作模式向 BIM 工作模式的转换。这个过程可能会淘汰一部分人，因为他们的技能无法适应当前的形势。举例来说，总承包商最有可能雇用 BIM 相关职位的人员，有些 CAD 绘图人员不会或者不想从事 BIM 工作，因而可能被辞退。此外还需要对有些职员自愿离开公司有所准备，因为那些“保守派”员工可能不希望做出从 2D 到 BIM 的转变，这些员工可能所在的职位十分重要，如果他们决定离开的话，总承包商必须有所准备。如果这些员工决定留在公司，那么需要确保不会破坏公司 BIM 转型的进程。如果员工由于公司向 BIM 的转型而离开公司，那么总承包商还面临着填补这些职位空缺的难题。

159

典型案例

得克萨斯州的一名总承包商决定开始在项目中应用 BIM。这名总承包商认为最好的方法就是对 CAD 绘图人员进行 BIM 培训，并通过外包完成复杂工作。然而，这些绘图人员会故意在 BIM 相关工作中制造问题，他们开始对项目进行破坏，并将责任归咎到外包合作伙伴身上，这些绘图人员会故意在 BIM 相关工作中制造问题，这样他们就可以继续从事 CAD 工作。管理阶层并没有意识到这些问题，直到项目遇到了麻烦无法继续推行，他们没有想到所信赖的员工会试图破坏系统。

策划书

差距分析完成之后，公司会制定一个“策划书”来实现从“现状”向“预期”的转变。作为流程中的一部分，尽量避免创建出包含复杂而无人肯阅读的信息文档。这种类型的复杂文档，在信息技术（IT）和人力资源（HR）厚重的政策文档中我们已经看到过很多次，这些政策文档可能有几百页长，但没有人愿意去阅读。“策划书”制定之后，可能出现的情况是一些员工会试图绕开策划书中指定的规则，特别是 IT 的相关规则。公司与雇员之间的脱节在于雇员认为这些规则实际上并没有帮助他们去完成工作，有时他们甚至将规则视为阻碍他们完成工作的障碍物。当这些大型的指导性文档发布时，雇员通常会草草地浏览过后就在最后一页签字。事实上，他们会在一些并没有阅读过的文档上签字是因为公司要求他们这么做。如果他们不签署文件，那么他们将受到训斥，严重的话甚至被免职。

由于复杂的流程或厚重规则手册隐含的负面因素，我所效力的公司在制定策划书的过程中已经放弃了这种文档形式。事实上，项目流动性很强，相关事物在不断地发生变化。出于这一原因，我们必须对不同的情况有所准备。这使得创建多个策划书以应对不同情况的方法显得尤为必要。这一方法在多家公司都获得了成功。策划书主要由三个部分组成：

- 输入
- 标准流程
- 输出

160 输入主要关注人员、工作内容和时间三个要素。BIM执行过程中，输入方主要包括几个团队。首先是项目的领导团队，很可能是上层管理团队中的一位成员或项目经理代表。出于这些目的,其次是那些目前正在进行施工的人员,以及会在BIM应用完后开展现场施工的人员。

在BIM的实施过程中，“工作内容”主要包括目前的员工水平、员工的技能以及硬件和软件的状态。公司需要综合考虑以上的状态,还应决定愿意为这一转型付出多大的成本。作为“工作内容”的其中一部分,公司需要审视当前的流程,并决定哪些部分将保留,哪些部分需要重组。公司必须对将要进行的工作以及相关细节深入研究，从而使新流程得以顺利地开发和实施。

策划书中下一个要处理的内容是项目的“时间”。根据项目所提供的资金，企业能够着手规划项目的执行时间。这里有多个需要纳入考虑的因素：第一是目前员工的技能水平。企业需要决定是让员工进行BIM培训或者是替换掉。为了将BIM的收益和投资回报率（ROI）最大化，企业需要合理安排人员培训或更替的时间。同时要考虑到，在对相关人员进行培训时由谁来接手他们工作。同时也要考虑到基础设施的问题，因为在缺乏硬件的条件下培训工作无法继续进行。

如前所述，所有目前的流程都必须进行重新评估，公司应决定是舍弃还是配合BIM的使用进行重新配置。公司还必须意识到开发新的标准流程势在必行，每个项目都应当编写BIM策划书，并采用类似的标准流程。

161 策划书中的输出同样也会影响“人员、工作内容及时间”。输出部分主要包括以下内容：

- 适宜的项目流程
- 变更管理
- 建立“专业词汇库”
- 培训计划
- 商业开发
- 项目执行
- 施工前期准备
- 项目管理、工程及现场人员

鉴于项目流程可变性，公司不希望策划书过于具体，因为在这种情况下，策划书会变得很有局限性，从而导致无人能用。在创建策划书时，公司对BIM的认识与了解至关重要，尽量不使用经验不足的人员参与制定策划书，因为细节的多少差距非常大。

下一个需要处理的问题是变更管理。建筑、工程和施工（AEC）行业一直在频繁地更换能力不足的分包商。公司绝对不希望在项目中途发现某个分包商没有很好地完成工作却无法替换他。这里需要着重强调项目的变更，因为我们知道这必然会发生且一直在发生。策划书以不同方式给出应对变更的解决方案，这就像“如果出现这种情况，那么去找公司的副董事、主管或合伙人来把问题解决”一样简单，但公司必须随时备有应急计划，以防出现意外（见图 5.4）。

并非是软件驱动工作流，
而是软件使工作流自动化

图 5.4 工作流

下一步是建立专业词汇库。这是策划书中最为重要的事项。在转型升级时，人们通常倾向于开发新类型的项目，集成项目交付就是一个很好的例子。集成项目交付（IPD）是将项目利益、 162 目标及实施过程高度集成，并通过团队协作来实现的项目交付方法。基于“风险共担与回报共享”的模式，集成项目交付为 BIM 的应用（以及探讨）提供了有趣的可能性。在综合项目交付中，每个人都应该参与协作，这被视为一种“kumbaya”协议。不幸的是，大多数人甚至不理解 IPD 的含义。建筑行业已经建立起了专业词汇库，例如信息请求（RFIs），扩初设计（DD），施工文档（CDs）等是目前经常使用到的术语，但还需要不断对既定的词汇库添加新的术语。随便找十个人询问关于 BIM 的定义，就能看到目前缺乏一个健全的 BIM 词汇库。我最近与一个正在进行 IPD 项目的总承包商进行了探讨，他并不完全了解作为 IPD 团队的一员应该如何工作。有次我向他解释了 IPD 的运行方式，他问道“那么这是不是意味着我再也不能影响建筑师？”因此为项目建立专业词汇库，使成员更方便进行沟通显得十分重要。如果每个人都知道并了解事物的内涵，那么项目便能够更加顺畅地进行。在我为之效力的公司，我们开发了一个包含名称、术语、电话号码等的项目常用词汇列表。还有一点非常重要，公司一旦制定了词汇库，那么就必须对员工进行培训，因为如果既有的词汇库无人知道或理解，那无疑是场灾难。

制定培训计划是策划书中的关键部分。每个人都需要了解如何使用策划书。说明培训必要性最好的例子就是企业费用报告。大部分人都经历过公司财务部门改动企业费用报告的经历。他们改动的方式是发出邮件，有可能在企业局域网上公布新的费用报告的副本信息，并且说明从某一特定日期开始必须使用这种新的表格。通常情况下，财务部门对改变的内容并没有任何培训。即使有时表格与之前的完全不同，也没有提供任何的指导来说明如何填写表格。但通常当我们用新表格提交第一份费用报告时，财务部门就会联系上我们，并因为我们没有 163 正确地填报费用报告而感到不满。这种情况可以避免吗？当然可以。拥有一份策划书对财务部门会有帮助吗？当然会。这对项目也同样适用。如果打算推动标准流程，那么对人员进行这方面的培训十分重要。公司的培训和策划书需要具有普遍适用性。举例来说，商业开发团队需要了解公司中其他人在做什么，以及对团队会产生什么影响。

另一个很好的案例是将BIM用作销售流程的一部分。公司向新的潜在客户展示了BIM在之前的项目中的应用情况。该公司并没有使用PPT展示案例，而让潜在客户浏览了最新项目的模型，并向其说明项目的挑战性以及应对方案，这为客户提供了全新的购买体验。

业务开发团队是一个很难培训的团队，但目前最难以培训的团队是上层管理团队。正如Irving Buchen在他的文章“转型升级领导力”中所提到的，“中层管理者的协作必须聚焦于确定创新与企业目标的差距，以及持续创新的需求。”“CEO必须参照企业规划提前安排员工培训，他们自身也不能例外。”[5] 在我的职业生涯中为很多充满智慧并且事业非常成功的领导者效力过，其中很多人对于员工的期望超过了员工对自己的期望。

典型案例

一个大型总承包商的业务开发主管声称在每个项目中都使用了BIM，并且能够做出3D，4D和5D效果。我问他在只有五个人的BIM部门中怎么可能做到。他的回应是他拥有一个能够承担所有工作的大型BIM部门。我接着告诉他我们刚跟他的公司合作完一个项目，他们的BIM部门实际上只有五个人。他的回答很有意思：“我就是在说这个部门。”这表明了所有部门，尤其是商业开发部门需要了解BIM实际上是如何应用与规划的。可信性在技术变革过程中十分关键*，不幸的是，行业中BIM应用的可信度并不是很高。这里联想到“王婆卖瓜”这个俗语。164因此在我们试图让上层管理者加快了解我们对技术的利用及其重要性时，应当向他们展示商业计划在五年甚至十年之后的形势，这会涉及对上司进行一定程度的培训。因为尽管他们思路很开阔，由于还未获得新的词汇库，使得与他们讨论战略规划十分困难。在我所在的公司，领导层对于变革的开放态度使得问题对我而言简化了一些，但在其他公司未必是这样。这使得BIM的执行更为困难，因为如果CEO不在乎BIM，那么BIM应用就无法获得上层的支持。“为了让变革生效，公司必须能够平衡愿景与使命，企业高层必须统一思想”[6]。中层管理者及项目经理必须依靠CEO和寻求其他主管帮助，否则BIM实施结果注定是失败的。向BIM的转变是一项艰巨的任务，而上层管理者需要理解这个过程将如何影响公司。公司高层对BIM的支持程度应与其他支持其他战略计划类似。但我听说设计公司中的很多CEO讨论BIM的战略重要性只是为了获取主动权，他们通常仅仅雇用大学实习生来充当内部BIM“专家”。**

---

* 原书“典型案例”内容到此为止，显然排错了。——译者注

** 原书这一段为正文，应为“典型案例”中的内容。——译者注

另一个关键的团体是现场人员。我们已经做过好几个 IPD 项目，在其中一个项目中，我们是作为 BIM“协调人”的身份介入的。在这个例子中，总承包商和建筑师之间出现了一种我们称之为“BIM 僵局”的现象，因为每一方都认为自己的 BIM 部门和 BIM 模型比对方好，这造成了项目的严重滞后。为了终止这一僵局，业主将我们引入项目进行 BIM 流程的管理，在我们的帮助下，项目重新回到正轨。当进入到项目的现场执行阶段，我们会见了现场负责人，开始让现场人员接触 Navis 软件并进行培训。在这个过程中，我们提到了 IPD，但负责人制止我并问道，“你一直提到的 IPD 是什么？”我解释到它代表集成项目交付方式，也是这个项目所采用的承包方式。他让我解释 IPD 的含义，我告诉他这确实超出了我的工作范围，但如果他能请我吃牛排和啤酒，我会向其解释 IPD。于是我们一起吃了饭，我向他解释 IPD 是如何运行的。在了解了 IPD 流程后，他问道，“那么在 IPD 交付方式下，我必须对建筑师很友善？”这与之前提到的总承包商的情况很像，他担心不能在工作上给建筑师“下马威”。我们可以看到问题的关键是没有人告诉过这名负责人 IPD 如何运行。他甚至不理解应该如何在 IPD 流程中发布信息请求（RFIs）。他十分担心，因为公司对所有事务提供标准的表格，但这些表格在 IPD 流程中并不适用，也没有对他进行相关方面的培训。另外他还担心项目会议：“我应该邀请谁来参加项目会议？应该邀请所有人吗？”可见他对于如何实施 IPD 项目毫无概念。然而，这种情况并非罕见，项目负责人居然不知道所从事的是 IPD 项目，这是他公司的一大失败。BIM 可能是一个愿景，但更关键的是很多人的共同合作。 165

业主对 BIM 的需求在过去几年中每年都以 50% 速度增长，目前已经有一些政府机构强制要求使用 BIM（例如总务署 [GSA],USACE, 海军设施工程司令部 [NAVFAC] 和国防部 [DOD]）。[7] 利用 BIM 的能力能够大幅改进传统的施工流程，可以节省大量的时间和金钱，同时减小项目相关利益方的风险。

然而，这里要指出的是，BIM 应用很大程度上依赖于业主明确的 BIM 目标。BIM 模型能在项目的整个生命期过程中使用，但阶段之间（例如设计、施工、竣工）所涉及的 BIM 流程取决于具体的 BIM 目标。业主确立目标的方式是发布 BIM 实施指导手册，其中概括了业主的 BIM 目标，必要的流程以及项目中可接受的方法学。

以下是多个项目中 BIM 应用的可行方式（注意这些应该在典型的 BIM 执行指导手册中进行强调并实现标准化）：

1. 利用 BIM 创建更加精确的设计文档并进行更为准确的现有系统评估。

2. 为建筑、结构、机械、电气、管道、消防、市政和其他建筑系统按照要求的详细程度创建 BIM 模型。 166

3. 分专业为新建筑创建 BIM 模型。

4. 审查可施工性，利用差异报告确定错误和遗漏，以便于在施工前修改施工文档。

5. 利用 BIM 进行专业协同，准备碰撞报告（图 5.5），并举行会议展示成果。

RCMS
An ARC Company

*i*BIM Clash Report

Model Name	
Checker	
Organization	RCMS Group
Date	October 22, 2010
10-01467	Date: 2010-10-22 13:56:17 Application: Autodesk Revit Architecture 2011 IFC: IFC2X3
10-01467	Date: 2010-10-22 14:00:20 Application: Autodesk Revit Architecture 2011 IFC: IFC2X3
10-01467	Date: 2010-10-22 13:40:34 Application: Autodesk Revit MEP 2011 IFC: IFC2X3
10-01467	Date: 2010-10-22 14:01:48 Application: Autodesk Revit Architecture 2011 IFC: IFC2X3
10-01467	Date: 2010-10-22 13:58:32 Application: Autodesk Revit Architecture 2011 IFC: IFC2X3

Clash Report

Numb	Id	Location	Date	Picture	Issue comment	Responsibilities	Action Required	Action Taken	Status	Author
1	Clash1	(D) 10-01467 Center MEP 10-22 (E) 01 - A +0'-0", (E) Low Second Floor +21'-0", (B) Zone 1.3, (B) Zone 8, (C) 02 M +24'-0", (C) 01.5 M Mezz +13'-2", (B) Zone 4, (B) Zone 9, (E) 01.5 S Mezz +13'-2", (E) 02 S +24'-0", (B) Zone 1, (B) Zone 7, (E) R	22-Oct-2010		Beams vs HVAC Ducts				Open	Garfield Carey
2	Clash2	(C) 10-01467 Center MechPiping (D) 01.5 M Mezz +13'-2", (E) 01 - A +0'-0", (E) Low Second Floor +21'-0", (D) 01 - M +0'-0", (B) Zone 4, (B) Zone 1	22-Oct-2010		Column vs HVAC Duct				Open	Garfield Carey
3	Clash3	(C) 10-01467 Center MechPiping (D) 01.5 M Mezz +13'-2", (B) Zone 9, (E) 01 - A +0'-0", (D) 01 - M +0'-0", (E) 01.5 S Mezz +13'-2", (B) Zone 6a, (B) 02 FP +24'-0"	22-Oct-2010		Structural Bracing vs HVAC Ducts & Piping				Open	Garfield Carey

图 5.5 碰撞报告

6. 将深化设计、安装等图纸信息引入模型。

7. 通过现场会议或虚拟会议的形式将变更结果返回到设计文档中。

8. 将自定义的 Revit 文件，包括新技术方案整合到模型中。

9. 依据“国际建筑业主及经理人协会标准”进行空间验证。

167

10. 反复验证。

11. 能源相关的可持续性分析，包括能耗估算、光学和声学研究。

12. 4D/5D 阶段建模（例如：为改进材料出入库流程进行的施工工序测试）。

13. 竣工模型实时更新（通过图纸或利用 vela 系统进行现场建模）。

14. 工程量计算。

15. 用于专业协同的漫游及动画。

16. 设施管理（FM）模型（使用 ARCHIBUS,FM：Systems 等）。

17. 以教育为目的特定软件格式的 BIM 模型。

准确、清晰地描述 BIM 目标，对于业主取得项目的成功起到关键作用。BIM 策略一旦确定，业主应马上明确关键节点的 BIM 目标以及必须完成的关键成功指标（CSF）。

为了在指导手册中说明 BIM 要求，业主通常会花费超过 10 万美元聘请 BIM 咨询顾问。

随着 BIM 技术与流程的不断进步，指导手册必须不断更新以符合当前及未来软件的兼容性需求以及用户群的技术水平。

指导手册的复杂度和完整度因业主的 BIM 应用水平的高低而有所差异。有些业主仅仅发布一页的“BIM 要求”，仅标明必须在设计、专业协同和竣工文件中使用 BIM。尽管这种方式将使得更多的公司参与竞争，但由于未能根据目标进一步明确 BIM 实施的详细要求，因而会造成对 BIM 要求的宽泛理解，并有可能会导致项目 BIM 应用的失败。

举例来说，以下从征求建议书（RFP）中的节选内容揭示了过于宽泛的、模棱两可的 BIM 要求：

> 建筑信息管理系统：业主希望开发一个现有建筑和项目的 BIM 资源库。建筑师需要使用最新版本的 Revit 软件建模，并对利用模型生成施工图纸和竣工文档的工作过程提出建议和指导。所有的 BIM 模型必须符合业主的建模标准。

168

以上的摘录只是征求建议书中 BIM 应用规则的一个段落。业主对于建筑师、工程师、承包商和其他项目利益相关者如何协同工作并未提供任何信息。BIM 成果交付内容唯一的要求是建筑师要使用 Revit 来生成图纸，并提供 BIM 应用的相关“建议”。这使对其他参与方难以准确把握业主需求，他们还有很多细节问题需要业主解答。

相反地，有些业主所制定的 BIM 指导手册过于具体，只有少数公司才符合 BIM 指导手册要求。举例来说，USACE 制定了内容详尽的指导手册，项目参与者必须严格遵守才能符合业主的要求。

这一要求称为附件 F，概括了 USACE 的 BIM 要求，涉及如下细节：

1. 设计交付成果
2. 设计要求
   a. 图纸
   b. BIM 模型与设施数据
   c. 工业基础类（IFC）协同视图
   d. 成果交付要求
   e. BIM 实施计划
   f. 模型组件
   g. 质量控制
   h. 设计和施工审查
3. 设计阶段交付需求
   a. 成果交付要求

b. 中期设计交付成果

c. BIM 和 CAD 数据需求

d. 最终设计交付成果与设计完成交付成果

4. 过程审查

169 5. 最终竣工文件与 CAD 数据

6. BIM 需求

a. 建筑 / 室内设计

b. 家具 / 固定装置 / 设备（FFE）

c. 结构

d. 机械

e. 管道

f. 电气 / 电子通信

g. 消防

h. 市政

7. 数据所有权

8. 承包商需求

a. 遵从施工运维建筑信息交互协议（COBIE）

b. 电子数据交换

c. 基于模型的项目进度管理（4D BIM）

d. 成本估算

e. 成果交付需求

f. 项目完工

附录 F 对上述列表的每个条目都进行了拓展，尤其罗列了建模需求和成果交付程序。举例来说，在 6b 章节下，要求中列出了模型中家具 / 固定装置 / 设备（FFE）的具体要求：

> 家具、固定装置、设备：优先选择用 3D 方式呈现 FFE 组件。对于可能会影响 BIM 系统性能的家具布局系统，承包商会与业主沟通用 2D 来进行展示。FFE 模型的每个组件详细程度可能有所差异，但最低的标准 1/4 英尺（1/4″ =1′ –0′ ）比例的图纸中必须包含的所有的特性。

注意 FFE 在 BIM 中也必须达到必要的详细程度，否则 BIM 文档也会被视为不遵从要求。相比第一个案例，本案例中的 BIM 指导手册能使用户理解哪些内容需包含在 BIM 文件中。

对于业主而言，在 BIM 建模精度需求与供应商的实际能力之间取得平衡是十分重要的。170 能够满足复杂 BIM 应用要求的供应商毕竟很少，如果一味要求，可能会抑制了合理的竞争。

领导力教学

BIM 与其他新兴技术不断地改进建筑过程，业主在新的建筑生态系统中承担着十分重要的角色。因为业主更关注企业 BIM 应用的连续性，每个项目在关键节点所获取的知识应当被积累下来，并可在未来的项目中应用，从而不断地改进 BIM 流程。

业主必须对 BIM 采取积极主动的方式，这不仅是为了保持企业竞争力，也是更好地打造招标过程中良好的竞争环境。随着 BIM 逐渐成为业主的常规需求，承包商、分包商和其他项目利益相关者必须跟上 BIM 应用的基本要求。企业满足业主 BIM 要求的能力将决定其是否能够对特定的项目投标。从另一个角度上来说，如果大量投标人从合作关系中被剔除，那么业主成本会由于竞争减小而被抬高。因此，不断地对供应商进行 BIM 培训也符合业主的最佳利益，因为这最终会进一步提升项目的质量和效率。

企业管理者除了需要主动地研究 BIM 方法论外，还应当雇用或挑选核心员工来领导这项工作。这些员工有时被称为“虚拟建造主管”，他们担当着“BIM 守护者”的角色，在项目实施过程中不断地改进 BIM 应用的流程，并积极地为项目的成功交付作出贡献。

这些 BIM 守护者能够帮助公司将每个项目 BIM 应用成果汇总到企业 BIM 知识库，这些数据将在未来对企业产生巨大作用。BIM 知识库包含了每个项目中基本的“经验教训”，因此能够为业主提供决策支持。更具体地来说，BIM 知识库应包括一组动态的文件，并随着业主不断改进实践方法实时更新，这些成果可以用于对企业员工、供应商及其他项目利益相关者进行培训。

知识库的主要内容应由案例分析构成，最基本的应包括项目类型，采用的 BIM 服务，投 171 资回报率（ROI）分析及存在的缺陷和其他经验教训。图 5.6 展示了一个典型的案例分析文档。

这里应注意的是案例分析还能用于市场营销，例如向公众和 AEC 展示企业利用 BIM 技术在减少施工浪费方面所取得的成果。

案例分析应当总结项目 BIM 应用的经验，并应将相关数据存储以供在未来的项目中使用。这样业主的 BIM 知识就获得了扩展性，以后再遇到类似项目，就可参考相关内容实施 BIM。举例来说，在高校项目中使用 BIM 的经验（如图 5.6 所示的例子）能够为下一个高校项目提供参考。

对利益相关者的培训可采用实时通讯、研讨会，甚至技术培训等多种形式（将在下一部分探讨）。

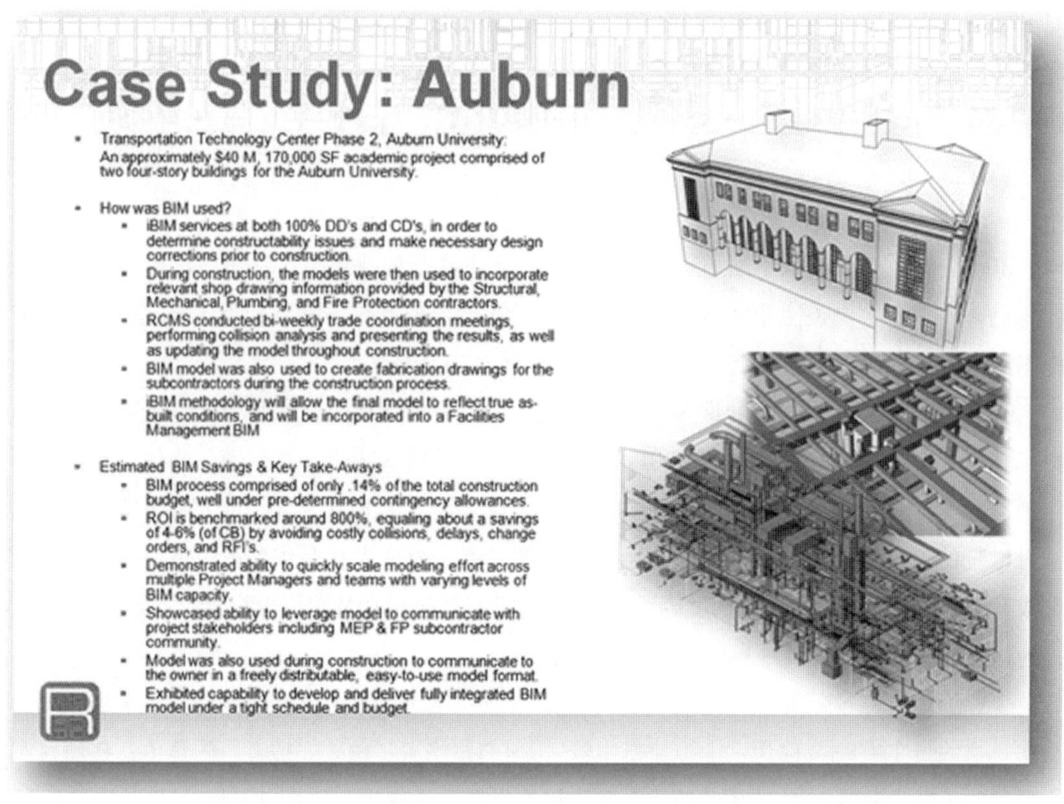

图 5.6 Auburn 案例研究

172 ## 选择供应商

由于项目各利益相关方的 BIM 应用情况可能大不相同，因此对业主而言，对潜在供应商进行全面的评估十分关键。有些供应商可能在 BIM 方面非常优秀，有些可能为了中标而夸大自身在 BIM 应用能力。目前业主仅在新的项目中选择有能力实施 BIM 的公司。

业主不能仅仅根据表面现象来判断承包商或分包商执行 BIM 的能力，而是应当采用一种标准化的方式来对这些分包商进行预审和评级，并汇总为首选供应商列表。

举例来说，下列大纲能够列入预审文件中对供应商进行评级。

列出采用 BIM 的五个项目，包括：

- 项目名称及范围
- 在建模中的角色
- BIM 如何在项目的每个阶段中使用
- BIM 应用所产生的预计盈利、损失
- 阐释 BIM 如何协助项目的成功实施

- 负责 BIM 模型的管理与交付的三名关键人员的简历
- 现场会议以及专业协同产生的效果
- 项目组织能力证明以及错误和遗漏（E&O）保险清单
- 在项目中识别潜在 RFIs 及变更的方法，包括交付成果示例及阐释如何在项目过程中使用这些方法减小风险
- 工程量计算交付标准
- 阐述模型应用和协同过程中对软件、硬件和培训的要求
- 现场展示 RFIs 回复或 BIM 解决方案
- 项目 BIM 应用预估的投资回报率（ROI） 173
- 能够提升交付质量以及加强与业主沟通的“增值”事项

业主还能够将预审文件在首选供应商数据库中进行标准化，而后根据 BIM 应用的要素生成评级系统。需要考虑的要素有很多，系统应重点关注特定类型项目（见 i 章节）。

BIM 构件与技术规范库

业主通过收集数据来在未来的项目中进行利用，可显著改善建筑交付流程，并将供应商团体的 BIM 应用方式标准化。这些模型可以用来生成业主的“构件库”并用于未来的项目。通过在指导手册提出特定的 BIM 要求，例如在交付的模型中必须包含特定数据字段。随着越来越多的项目数据被提交，模型库随后可以进行数据标准化或特定的建筑类型的原型化，为未来的项目实施增加成功率。

最近的一个例子是与我长期合作的中学项目的业主。在 XYZ 高中项目中，业主指定了几乎所有的组件，例如灯泡、标准教室、配电板和安全出口。对于每个组件需要包含的标准的数据也在 BIM 指导手册中加以说明。在项目完成后，业主要求提交最终模型，并建立了中学项目模型数据库。此项目中模型入库是标准化的第一步，需要在每个项目完成之后不断进行完善。

在下一个中学项目准备推进时，模型库可与招标书一起发布。这种情况下，设计师和工程师会有业主提供的标准模型库，就可以借助 BIM 实现更为准确的成本估算。由于工程量和模型数据信息的透明化，这将有助于业主降低成本，并可加强供应商之间的竞争。 174

在这个例子中，模型库（图 5.7）可视为业主的中学校园实施标准的一部分。在未来的类似项目中实施标准将使得设计与施工流程更为高效。图 5.8~ 图 5.10 展示了用 BIM 创建的校园模型。

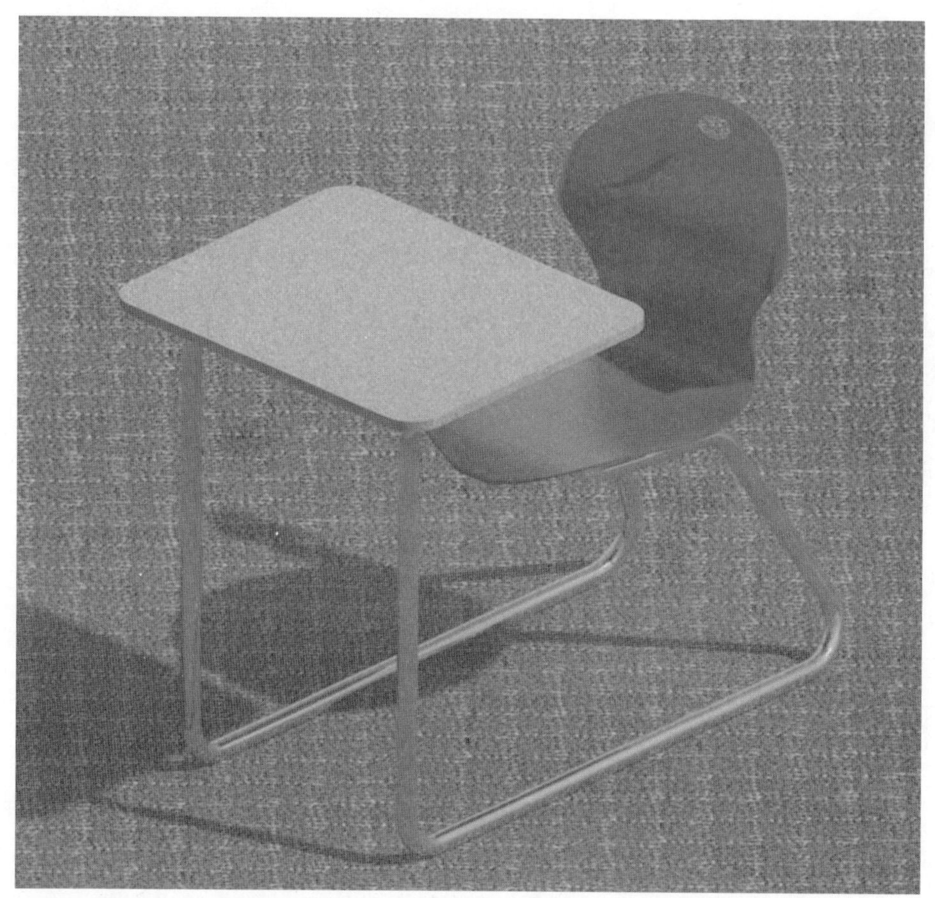

图 5.7 BIM 对象

图 5.8 一所学校

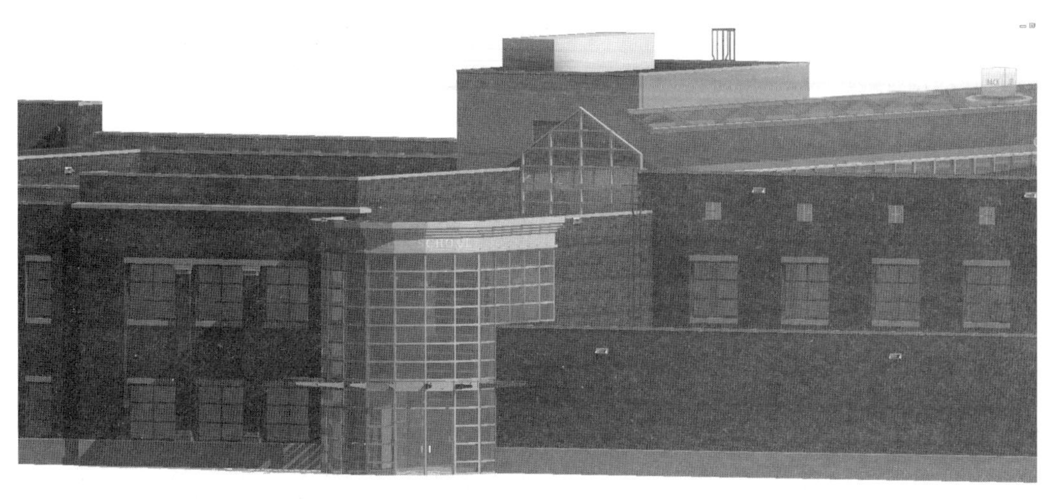

图 5.9 BIM 模型展示了学校的外部环境

图 5.10 BIM 展示了教室内部

BIM 业主代表

很多业主明确 BIM 应用需求，但也理解供应商能力有限。于是开始聘请顾问在设计和施工过程中代表业主行使权力。BIM 业主代表与业主代表的典型作用相类似，但 BIM 业主代表

176 更关注于最终的交付成果。业主代表确保了建筑能够满足业主的需求，而BIM业主代表则确保虚拟建造满足业主的要求。

章节要点总结

- 公司必须制订全盘计划并逐步执行。
- 业主必须做的第一件事是了解当前形势。
- 如果总承包商希望建立自己的BIM部门，那么需要明确BIM部门具体的工作内容。
- 差距分析的美妙之处在于企业能够在项目初始阶段识别出大部分的问题，并在购买任何设备前实施计划的调整。
- 在差距分析完成后，公司需要制定一份策划书来实现从当前情况向预期形势的发展。
- 策划书讲述如何变更项目流程。
- 案例分析应当总结过去项目中BIM应用的经验，并且将其转化为数据进行存储供未来项目使用。
- 目前业主将BIM作为工程投标筛选条件，在新的工程项目中用BIM筛选合作伙伴。
- 业主不能仅仅根据表面现象来判断承包商或分包商执行BIM的能力。
- 业主应当采用标准化的方式来对分包商进行预审和评级，并汇总为首选供应商列表。
- BIM应用过程是业主争取项目更多掌控权的绝好时机。
- 目前建筑师和总承包商正在使用BIM，因为业主要求在项目中采用BIM。
- 总承包商出于提升施工能力的目的而使用BIM。

第 6 章

执行

业务负责人需要稳健的策略以保障企业执行力。如果企业无法确保执行力，将无法进行资源与人力的配套，更不可能落实任何有价值的策略。执行过程中，业务负责人不能简单表述策划书中的刻板路径，而应当以路线图的形式规划企业战略，这样才可以让企业对突发事件快速作出反应。简而言之，制定策略就是为了执行。[1]

制定战略与规划所花费的时间和工作量大约是执行所需的十分之一，在调整项目优先级时需要对这一点加以考虑。可惜的是，许多企业都没有考虑内部项目执行的优先顺序。项目的优先排序不仅使企业离成功又近了一步，同时创造了一种企业内部执行项目的实用方法。

BIM 应用效果的评估可以通过两种方式进行：企业应用方式和专项应用方式。企业应用方式关注执行力的提升，以及关键绩效指标（KPI）的提高。专项应用方式更专注于能否解决一个特定的问题。还有一种方式是通过合规方式来评估，即对照规则逐一评估。

178

对于许多企业而言执行过程可能是对资源的一个挑战，因此通常会雇用一些在执行战略上有经验的咨询师。企业实施 BIM 战略有以下四种方式：

“煮沸海洋”方式

第一种方法被称为“煮沸海洋”（Boiling the Ocean）。在这种方法中，一家公司试图一次做完所有事。例如，一家公司想要一开始就将 BIM 运用于所有项目。为了达成目的，需要完成下列事项：

1. 购买需要的软件许可证。

2. 购买或升级所有现有计算机来满足 BIM 软件要求。

3. 升级服务器网络处理器增加存储需求和速度要求。

4. 培训所有的 BIM 生产资源。这会对机构的财务资源造成压力。

5. 新项目中 BIM 的流程将包括质量保证、质量控制（QA、QC）以及所有其他流程，这些流程的执行会涉及所有现有流程的改造，因此工作量巨大。

6. 为所有人员进行新流程的培训。

7. 对所有销售人员进行 BIM 的重新培训，能使他们更好地应对公司的 BIM 项目。

8. 使公司的市场团队重点关注 BIM。这会涉及市场团队的一些培训，使他们理解相关工作内容。

9. 在完成步骤 1–8 后不断成功交付完成的项目。

179 显然，这种方法不会成功。不仅使企业的资金投入过于分散，同时企业管理层、人力资源也会面临很大压力。“煮沸海洋”方法终将失败，因为企业需要多花大量的时间与金钱却无法顺利交付现有项目。最终，由于项目没有按时交付使客户流失，企业也将面临失败。当公司缺少战略规划时，往往会使用“煮沸海洋”方式。

企业应用方式

在企业应用方式中，企业在所有业务中挑选一个能产生收益 BIM 应用领域并推广到所有项目。与我们合作的一些建筑事务所将 BIM 用于建立概念模型和方案模型，他们在每个项目中都进行类似的 BIM 应用。另一个例子是有些业主使用 BIM 进行专业协同。同样，他们将 BIM 用于每个项目的专业协同。通过这种做法，他们能够建立模型协同的标准，将 BIM 以同样的方式推广到每个项目，也可以经常修改实施手册对标准进行更新。由于这种重复应用，产生了条件反射的效应，使得 BIM 应用越来越熟练。通过专注一个领域并进行必要的培训与规划，他们才能制定正确的 BIM 应用流程，并没有因为试图以此完成所有事而浪费资源。企业管理者意识到无法使内部所有人都同时了解 BIM 的最新情况，因此选择更专注于某个方面。因为企业试图“煮沸海洋”的同时保持名利双收是不可能的。

专项应用方式

专项应用方式在试图解决一个持续重复出现的问题时能得到最好的效果。企业必须首先

180 识别问题，然后再专注于如何使用 BIM 解决这个问题。假设一个总承包商经常在医院项目上遇到供暖、通风和空调（HVAC）三个系统的协同问题。这个问题很常见，需要使用 BIM 专注

解决这一问题。在这个过程中，总承包商负责获取、记录相关数据以及编制流程、信息和标准，企业可结合数据和标准规划一个系统。该专项应用的一个成果是总承包商开发出一套应用模式，并且在下个任务出现时能够使用。通过使用专项应用法，企业还能够更轻易地计算投资回报率（ROI）。企业应当意识到，他们不需要独自完成所有事，而是可以与如下几种类型外包公司进行合作：

- 咨询
- 咨询与联合管理
- BIM 建模
- BIM 把关
- 交钥匙工程

合规检查方式

前面对专项应用方式与企业应用方式的讨论专注于解决问题。这些方式可以驱动自上而下的 BIM 学习过程。可惜的是，一些业主跳过了学习过程而迅速转移到采用合规检查方式。合规是设计与施工的一个重要方面，然而，许多业主在 BIM 应用技术未成熟之前使用合规方式可能过于草率。当业主在建筑、工程和施工（AEC）团体内推动合规方式时，事实上是要求供应商首先确定是否有能力让模型符合业主规定，但实际上一些 AEC 团体对规则理解尚不清楚，或是准备在赢得项目后再去思考规则。此外，当业主没有足够的 BIM 经验时，他们也没有检查合规的标准和流程。许多业主并未意识到他们缺乏合规管理能力的事实在行业内已经不是秘密。 181

以笔者经验看来，这已经成为常态而非偶然现象。随着 BIM 技术的深入应用，合规性检查将变得十分重要。

典型案例

大约一年前，我们收到一家大型总承包商邀约，与其合作竞标一个政府项目，为此我们准备了满足招标文件和业主 BIM 要求的方案与相关费用。业主 BIM 要求非常细致，但也存在着冲突和重复的内容。那家总承包商最终中标，当我们与总承包商继续跟进项目时，被告知他们已经决定自己实施 BIM。除了没有赢得合同带来的失望，我们也困惑于这个决定。这个总承包商几乎没有 BIM 经验，而且对于业主指定的软件也没有经验。由于这个项目属于低价中标，因此他们表示无法承受我们的 BIM 报价。总承包商的计划是购买软件并且雇用一位大学实习生研究软件。实际上，这会为项目制造更多的困扰，于是我们问总承包商他们是否真的认为在缺乏经验的情况下可以达到BIM应用要求。但这家总承包商已通过小道消息得知这位业主对于BIM应用一无所知，因此只要能够创建出类似建筑物的3D模型就能通过。我们跟进了几个月之后仅换来了一句“我不是跟你说过了吗？”，这不是我们最后一次经历这种情况。事实上，现在我们的销售团队会询问客户是否只是为了达到招标文件要求还是为了达到BIM应用的目的，我们会选择为达到BIM应用目的的客户，并放弃那些只是为了达到招标文件要求的客户。

182

章节要点总结

- “煮沸海洋”方法会导致公司的资金过度分散。此外，管理层和人力资源也将面临严重的压力。
- 使用“煮沸海洋”方法时，公司可能以失败告终，因为项目往往会因没有按时交付导致客户流失。
- 在企业应用方式中，企业在所有业务中挑选一个能产生收益BIM应用领域并在推广到所有的项目。
- 使用企业应用方式，机构无须挑选出哪些项目使用BIM，因为他们在每个项目上都使用BIM。
- 专项应用方式最适于解决重复出现的问题。
- 使用专项应用方式时，公司必须首先识别问题然后专注于如何使用BIM解决问题。
- 使用专项应用方式的一个结果是，总承包商开发出一套包含材料、信息和流程的应用模式，并且在下个任务出现时使用这种模式。
- 当公司使用专项应用方式时，能够更容易计算投资回报率（ROI），因为它拥有一个能够帮助衡量投资回报率的系统。
- 符合规范要求是设计与施工的一个重要方面。
- 在未来，BIM应用将会进入一个重视合规的阶段。

第 7 章

183

企业应用 BIM 现状分析

正如在第 1 章中所探讨的，业主在任何项目的 BIM 流程中都扮演着十分关键的角色。更重要的是，若业主没有参与 BIM 流程或完全没有应用 BIM 对项目的进度和成本控制是不利的。如果业主不仅参与到 BIM 中去，而且领导整个流程的话，那么 BIM 就为业主施展领导力提供了场所。

在施工开始前，业主在总体工程预算之外还需要准备额外的资金以应对项目未知因素带来的风险。通常来说这种风险与项目类型以及设计和施工团队的水平有关。业主将这些潜在的成本超支称为“不可预见”费，又称作“预留费”。通常业主会预留整体工程预算的 3%~5% 184 作为不可预见费。

更确切地说，这种潜在的风险应该与多个经常导致预算超支的风险源相关：信息请求（RFI）、工程变更、系统冲突以及进度滞后。在我们阐述如何用 BIM 管理预期风险前，有必要对这些风险源的特点及其与项目预算的关系做一介绍。

信息请求（RFI）主要与设计文档的错误和遗漏有关。当承包商无法按图建造或正确理解施工图时，那么他（她）便会向设计团队发出信息请求。图 7.1 显示了一种典型的信息请求。

设计团队非常熟悉回复信息请求的流程，但这一流程经常发生在他们不便处理的时候。承包商在施工管理阶段（CA）提交这些信息请求，非常急切地等待回复。但在施工管理阶段，设计师通常已经转向其他设计项目，并且原来项目的设计经费可能已经消耗殆尽。在施工管理阶段解决设计问题会影响设计师的盈利能力，设计师一般不会优先处理，这会导致施工进 185 度延迟和成本增加。

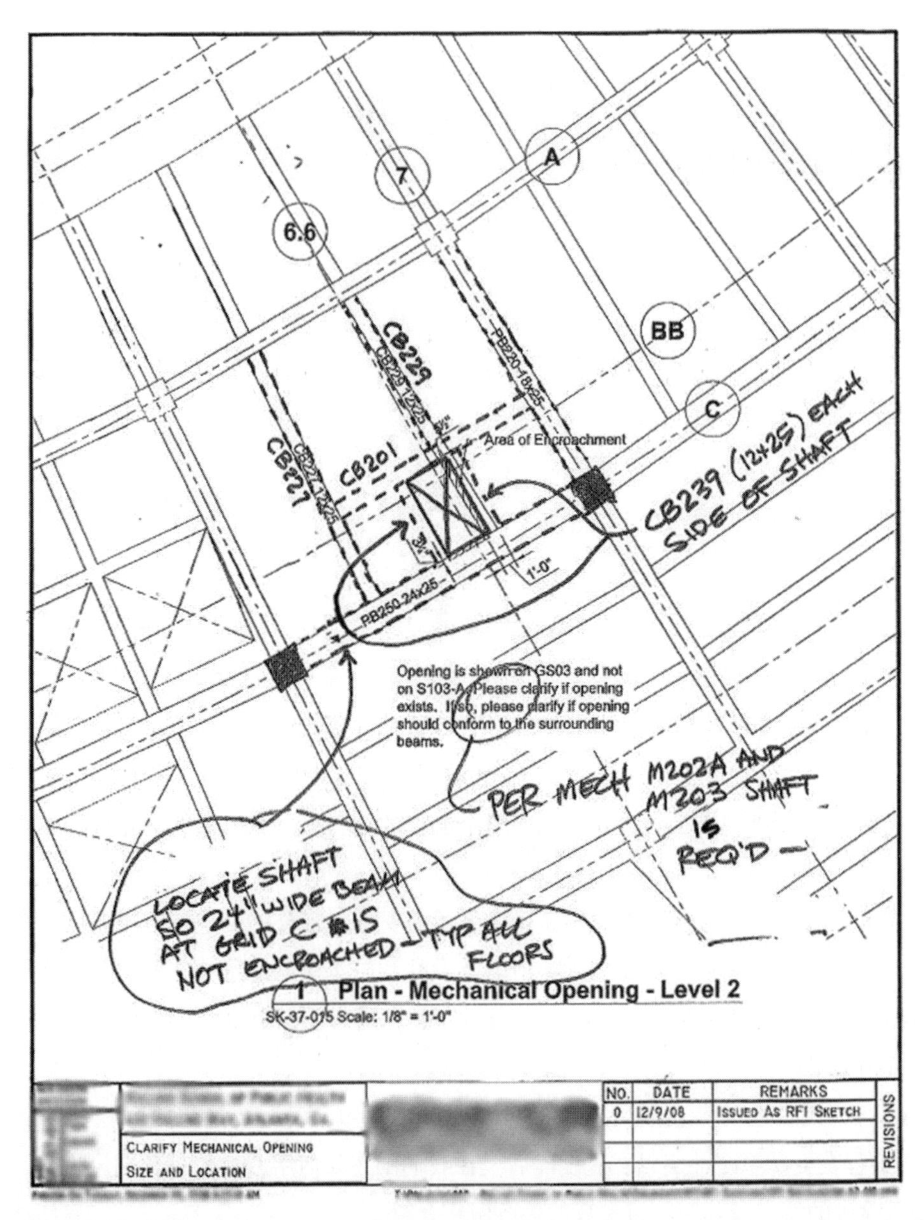

图 7.1 RFI示例

在使用BIM时，虚拟建造团队将在计算机上模拟真实的施工过程并找出虚拟建造过程中出现问题的地方。将这些出现的错误在BIM流程中记录下来，汇总生成差错日志。差错日志中的错误和疏漏很有可能在之后的施工过程中出现。通过模拟建筑的施工过程，可以说BIM起到了在开始施工管理之前发布信息请求的作用。基于BIM的差错列表使得整个信息请求（RFI）流程提前，犹如承包商在设计阶段进行了一次建造演练。作为虚拟建造流程的副产品，差错日志也是对设计文件进行可施工性检查的分析报告。

图7.2是一个标准的差错日志示例。

Discrepancy Log

Project Name:	Sample Project
Bid Date:	9/11/2009, 11:00 AM
Invitation No:	ASD-CD304
Owner	Smith LLC
Architect	Frank Lloyd Left - Architect
RCMS Proj Id:	10-532

Discrepancy Rating (*) Summary		
Rating	Count	%
Low	15	47%
Medium	14	44%
High	3	
Total	**32**	

(*) Discrepancy Rating Legend	
Low	Likely to drive RFI with outcomes that require clarifications/confirmation of a condition from A/E. Unlikely to cause field delays.
Medium	Likely to drive RFI with outcomes that require clarifications/confirmation of a condition from A/E. Likely to cause some field delays or drive meetings.
High	Likely to drive RFI with outcomes that could include Design Changes or Field Delays awaiting clarification.

Discipline	No.	Discrepancy	Rating	Sheet#/Section#	Location	TAG #	Modeler
Architectural	1	Entry to Large Toilet Rooms - missing wall opening height, typical	Medium	A-103	Room 325 + 326	Tag 1	CA
Architectural	2	Interior Elevation Tag - drawing coordination error	Low	A-103	Room 336	Tag 2	CA
Architectural	3	Missing Interior Window Tag	Low	A-103	Room 335	Tag 3	CA
Architectural	4	Interior Elevation Tag - drawing coordination error	Low	A-103	Room 342	Tag 4	CA
Architectural	5	Exterior Elevation Tag - drawing coordination error	Low	A-106	North Elevation	Tag 5	CA
Architectural	6	Section Detail Tag - drawing coordination error	Low	A-106	Doorway 609A	Tag 6	CA
Architectural	7	Exterior Elevation Tag - "mirror"	Low	A-107	West Elevation	Tag 7	CA
Architectural	8	Ceiling Height Tag - missing bulkhead information	Medium	A-112	Room 206	Tag 8	CA
Architectural	9	Ceiling Height Tags - more information needed, section callouts needed	Low	A-113	Information Center Ceiling	Tag 9	CA
Architectural	10	Ceiling Heights Tags - contradicting information	Low	A-113	Rooms 337, 338, 339	Tag 10	CA
Architectural	11	Ceiling Height Tags - missing information	Medium	A-115	Corridor 505	Tag 11	CA
Architectural	12	Ceiling Height Tags - contradicting information	Low	A-115	Rooms 509, 521, 522	Tag 12	CA
Architectural	13	Roof Slope Tag - contradicts with sections and elevations	High	A-120	Gymnasium	Tag 13	CA
Architectural	14	Section Tag - incorrect cut directions shown	Low	A-202	2/A-301, 1/A-305 (twice)	Tag 14	CA
Architectural	15	Exterior Elevation - missing parapet height information	Medium	A-204	4/A-204	Tag 15	CA
Architectural	16	Roof Height Information - contradicts slope stated on roof plan	High	A-204	7/A-204	Tag 16	CA

图 7.2 差错日志

变更单是从原来的合同工作范围中增加或删除的工作内容，它改变了原来合同的工程量及竣工日期。签发变更单在大多数项目中都十分常见，在大型项目中尤其如此。在合同内容确定之后，整体工程预算和具体工作范围也被界定，变更单中要做的工作不在预先定义的工作范围之内。

尽管出于业主需求，有些工作范围修改是必要的（例如，大规模的工作范围变动），但大多数变更单的产生是由于施工过程中设计文档出现错误和疏漏所造成的。在项目中使用 BIM 能使业主和项目团队在虚拟施工中发现潜在的变更，从而避免在实际施工过程中签发代价昂贵的变更单。

系统冲突，有时也称为“碰撞”，是指设计文件中不同系统或专业的建筑构件占据相同物理位置的情况。举例来说，当风管显示为与结构梁相交时，被视为是一种冲突。如果设计时没有进行充分的专业协同，这种情况通常会在施工现场发生，需要生成价格昂贵的变更单并导致项目延期。

187 发现冲突是 BIM 技术非常基本又极其有价值的功能。BIM 能够用于发现硬冲突，这里是指在建筑设计中多个系统或专业占据同一物理空间的情况。软冲突是指一个系统与另一个系统外扩空间（如维护空间、安全空间等）的冲突。

如果分包商能及时更正，冲突通常能够在不签发变更单的情况下在施工现场得以解决。即便如此，仍会给项目增加大量的成本，并造成施工进度的延期。像鸟巢般相互交叉的建筑系统会使建筑设计效率低下，并增加整个建筑生命期内的总体维护成本。

图 7.3 展示了发生在虚拟空间的冲突以及在现实施工过程中纠正冲突的照片。

ARC™ *i* BIM Collision Report

Model Name		_Struc_110112	Date: 2011-01-12 10:04:47 Application: Autodesk Revit Structure 2011 IFC: IFC2X3
Checker		_Arch_110112	Date: 2011-01-12 12:21:19 Application: Autodesk Revit Structure 2011 IFC: IFC2X3
Date	January 13, 2011	10-01812_ _MEP_110112	Date: 2011-01-12 09:53:34 Application: Autodesk Revit Structure 2011 IFC: IFC2X3

Presentation 1

Number	Location	Date	Picture	Issue comment	Responsibilities	Action Required	Action Taken	Status	ROI
1	(B) Roof +283'-0", (B) 02 - Mechanical Mezzanine +261'-6", (B) 01 - Lvl 1 +250'-0", (B) NT Roof + 274'-0"	12-Jan-2011		Intersections between Mech and lights				Open	
2	(B) Roof +283'-0", (B) 02 - Mechanical Mezzanine +261'-6", (B) 01 - Lvl 1 +250'-0", (B) NT Roof + 274'-0"	12-Jan-2011		Intersections between Mech and lights				Open	
3	(B) Roof +283'-0", (B) 02 - Mechanical Mezzanine +261'-6", (B) 01 - Lvl 1 +250'-0", (B) NT Roof + 274'-0"	12-Jan-2011		Intersections between Mech and lights				Open	

图 7.3 BIM 冲突报告

对业主而言，冲突检查、冲突协调并不在其责任范围内。通常来说，业主不应参与监督质量保证（QA）以外的流程。但可以要求总承包商提交一个全面协同的 BIM 模型以证明所有协同工作都已完成。在虚拟施工流程中，将对发现的所有冲突进行记录并形成如图 7.3 所示的冲突报告。

由于对进度计划管理不当而导致的进度延期明显会对施工预算造成不利影响。事实上，对以上所述三个风险源的管理失控将会激发第四个风险源发生风险。变更单、信息请求和发现的冲突需要在施工过程中花费时间纠正，这不仅会使净成本增加，还会对项目产生其他难以确定的不利影响。 188

举例来说，如果中学校园项目在施工过程中延期无法按时竣工，那么由此会产生与其相关的其他成本：租约续期、税款、土地利息、违约赔偿金，甚至还可能会产生与临时性校园设施相关的增量成本。除了在经济上产生负面影响外，在政治上产生的负面影响可能更大。换句话说，如果学校不按时开放，是否会对校董事会产生负面影响？当项目进度滞后时在职官员是否会受牵连？对于其他项目类型，例如医院、图书馆和文化中心（图 7.4），由延期造成的政治资本损失可能会更加严重。

总的来说，不可预见费是用于支付解决可能产生的信息请求、变更单及冲突协调所需的费用，这些都会造成项目的成本超支及施工延期。

业主对于应用 BIM 的犹豫很容易被误解为其同意支付不可预见费，这会助长浪费的甚至冗余的施工流程大行其道。现有的 BIM 技术提供了对施工流程进行模拟的绝佳机会，从而可以在施工之前发现风险、消除风险。简而言之，如果业主选择不使用 BIM，他们总还是要对施工流程进行“投资”（不可预见费）的，但这对项目没有任何好处。 189

投资回报（ROI）分析能帮业主了解 BIM 投资前景，它牵涉项目的不可预见费和工程预算。

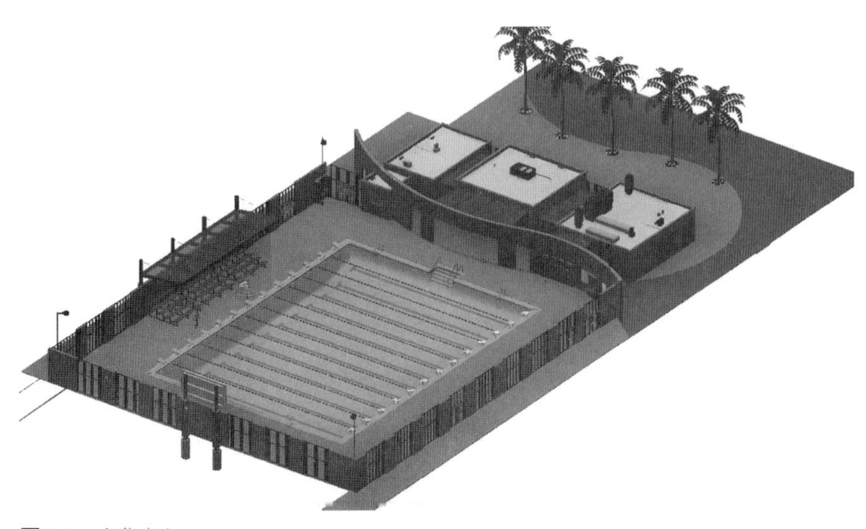

图 7.4　文化中心

190

评估：投资回报模型

在项目启动前计算投资回报是使项目参与方与业主达成一致BIM目标的有效策略。由于BIM在施工的很多方面都能创造价值，因此有必要选择几个能够对节约成本和节省时间的关键领域进行分析。我们发现以上讨论的四个风险源（信息请求、变更单、冲突和延期）最应当首当其冲地列在投资回报分析之中。最终，投资回报模型能增强业主应用BIM的决心，并在促使业主向虚拟施工转型过程中发挥重要作用。

在项目开始前任何投资回报分析都是假设性的。此时，我们尚未通过BIM发现错误和疏漏。因此，投资回报分析的第一步是建立一个计算投资回报的基准。

建立基准

如前所述，在项目启动前，预期风险能够用不可预见费费量化。为了在BIM应用之前对风险进行最佳管理，业主有必要确定预期的成功水平，并将其定义为基准。

那么可将BIM投资回报基准定义为业主以及项目团队预期的可量化的成功水平。

为对投资回报过程进行说明，我们用一个典型的K-12（从幼儿园到12年级的教育）项目建立BIM基准，并进行投资回报分析。这个案例中的“投资”是聘请BIM顾问作为虚拟承包商。建立基准的目的是验证BIM流程投资的合理性和对期待的成功进行量化。

项目名称：自由高中

基本情况

项目类型：教育K-12

工程预算：2400万美元（每平方英尺300美元）

建筑面积：8万平方英尺

不可预见费：72万美元（3%）

BIM投资（外包）：4万美元

施工工期：10个月

第一个作为基准分析的领域是与信息请求（RFI）相关的成本。为了确定基准，需要参照传统未使用BIM的类似项目。

举例来说，在最后一个完成的高中项目中，承包商在工程管理期间发出了多少信息请求？这个数据为当前项目提供了什么信息？

在本例中，我们预计工程管理过程中会产生 400 个信息请求。

接下来，我们希望通过使用 BIM 发现多少需要信息请求处理的问题？这是一个关键基准，可用它度量 BIM 投资是否成功、是否合理。

在这个案例中，我们把使用 BIM 能够发现 80% 以上需要信息请求处理的问题定义为成功。换言之，如果在 BIM 应用中发现以上 400 个需要通过信息请求处理问题的 80%（总共 320），那么便认定 BIM 的投资是恰当的。

接下来让我们分析信息请求通常会如何影响项目预算。例如，一个信息请求实际上会让项目支出多少成本？

在这个例子中，我们确定解决每个信息请求问题平均需要五小时，每小时人工 80 美元。因此，每个信息请求的成本为 400 美元。这个数据在用基准衡量 BIM 投资时十分有用。

在图 7.5 典型的电子表格里，汇集了变更单基准的基本数据。

191

变更单成本		
你认为在类似这样的项目中会产生多少变更单？	预期数量	100
你认为通过BIM应用减少变更单的百分比是多少？	通过BIM解决/减少%	80%
	使用BIM减少的数量	**80**
你认为在类似这样的项目中每份变更单的平均成本是多少？	每份变更单的平均成本（美元）	10000

图 7.5 变更单基准数据

正如上文所定义的，冲突代表了设计中系统布局的不合理，导致两个或以上系统占据了同一个物理空间。很多时候这些错误能够在现场解决，但会导致预算超支和施工延期。在 BIM 顾问的帮助下，我们力求在分包商开始安装系统之前发现这些冲突。

在本例中，需要我们预测类似规模项目产生的冲突数量、在现场纠正这些错误的大致成本以及使用 BIM 减少的冲突比例。

对于自由高中项目而言，我们预测有大致 800 个冲突，每个冲突的处理成本为 1000 美元。我们的目标是减少其中 80% 的冲突，即在系统安装前至少发现 640 处冲突。

在图 7.6 的典型电子表格里，汇集了冲突基准的基本数据。

最后让我们分析一下由于处理以上三种情况浪费时间而导致的施工进度延期。

处理未检测到冲突的成本		
在类似这样的项目中通常会产生多少未检测到的冲突？	预期数量	800
你认为通过BIM的冲突检查可解决其中百分之多少的冲突？	通过BIM减少%	80%
	使用BIM后减少的数量	**640.0**
你认为处理一个未检测到的冲突需要多少成本？	每个冲突的平均成本（美元）	1000

图 7.6 冲突基准数据

在一个典型的高中项目中，在不使用BIM的情况下，预期“延迟天数”是每个施工月份延迟两天。这意味着对于自由高中项目十个月的施工进度而言，我们预期延迟的时间会多达20天。考虑用地、税收、施工团队规模等影响因素，我们预期在这个例子中每一天的延迟会造成项目损失20000美元。

192

因此，当考虑延期开放校园增加的成本时，这些延迟的天数会给项目造成极大的损失。更何况这一计算没有考虑建筑早投入使用能产生的收益，也未考虑政治资本与名声损失对项目产生的不利影响。

由于我们在项目中使用了BIM，我们希望挽回损失天数的80%，也就是16天。

在图7.7的典型电子表格里，汇集了“延迟天数”基准的基本数据

信息请求、变更单、冲突导致的开放日延迟天数		
如果设施延迟开放，那么会延期多少天？	延迟天数	20
能够消除的延迟所占百分比	通过BIM消除/减少%	80%
	使用BIM可减少的天数	**16.0**
设施延迟开放一天需要损耗多少成本？	延迟一天所需的成本（美元）	20000

图7.7 基准数据

随后可分别计算每一领域的投资回报结果。将这些基准数据与BIM投资以及总体施工预算和不可预见费进行比较非常有用。

在自由高中项目的例子中，将基准结果制成表格，如图7.8所示。

关键领域	节约费用（美元）	占预算百分比	ROI
BIM减少的信息请求流程成本	128000	0.53%	320%
BIM减少的变更单成本	800000	3.33%	2000%
BIM减少的系统冲突成本	640000	2.67%	1600%
BIM减少的延期天数成本	320000	1.33%	800%
BIM提供的成本节约	**1888000**	**7.87%**	**4720%**

图7.8 投资回报

注意在校园项目中BIM投资大约是每平方英尺0.5美元，或者大约占整体施工预算的0.17%。这意味着BIM的投资成本不足整体预算的0.25%，并远远小于占整体预算3%的不可预见费。

因此，在项目中利用具有80%成功基准的BIM，能够：

193

在发现信息请求问题方面节约128000美元

在减少变更单方面节约800000美元

在解决冲突方面节约640000美元

在减少延迟开放天数方面节约320000美元

这意味着通过 40000 美元的投资，我们预期能够得到大约 4700% 的回报。更为直接的是通过花费 0.17% 的项目预算，如果达到 80% 的成功率，就能够获得项目预算 7.87% 的回报率，为业主节省 190 万美元。

建立关键绩效指标

关键绩效指标（KPI）通常用于评估团队取得的成绩或团队开展特定活动取得的成绩（见图 7.9）。有时成绩被定义为朝着战略目标方向的进步，但通常成绩仅仅是为了实现运营目标不断取得的重复性成果。因此，为 BIM 应用选择合适的 KPI 需要全面了解什么因素对项目影响最大。

KPI描述	基准节约	实际节约	KPI
使用BIM减少的变更单、冲突成本（美元）	1120000	1450000	129%

图 7.9 KPI 描述

当用 KPI 作为项目绩效评估方法时，需要将其定义为可理解、有意义、可度量的指标。在评估时，需将 KPI 与目标值比较，判断是否满足预期。

为了使用KPI评估BIM流程，业主可以把前面建立基准练习中的风险源作为关键过程领域。施工过程中，业主在不同时间节点将基准值与实际结果比较能够管理预期风险。由于虚拟施工过程能够提前发现真实施工将要出现的问题，将虚拟施工结果与之前确定的目标比较并不难。然而，由于 BIM 是在施工前发现施工问题，所谓“实际”的节约仍然被视为是假设性的，因为理论上来说，它们并没有在施工现场发生。

在自由高中项目中，我们将对每一个关键过程领域建立一个 KPI，用实际节约与基准节约的百分比表示。因此，KPI 超过百分之 100 就意味着绩效是合格的。 194

计算信息请求、变更单、冲突和延期产生的实际成本过程可能十分复杂，但我们可通过“捷径”得到结果。

对于信息请求来说，常见的一种方法是查看 BIM 团队发布的差错日志，并预估纠正每项差错所需的小时数。然后，用这个数乘以员工的每小时平均工资，就能得出处理每个信息请求所需的成本。

举例来说，KPI 报告可以编制成如图 7.10 所示那样。

KPI描述	基准节约	实际节约	KPI
BIM所减少的信息请求成本（美元）	128000	136000	106%

图 7.10 KPI 表格

如果纠正报告第一页上的差错需要80个小时，设计师每小时工资80美元，那么，纠正这一页的差错总计需要6400美元的成本*。

*在自由高中项目中，假设发现了750个错误，需要大约1700个小时纠正。以每小时80美元的工资计算，处理这些信息请求的“实际”成本是136000美元**，如图7.10所示。*

变更单与冲突

根据问题的严重程度，一些信息请求会生成变更单而不再停留在信息请求层面。另外，冲突报告也不只包含潜在的冲突，还包括一些大的变更单。

195 依照同样的流程，项目团队能够利用冲突报告确定解决施工现场发生潜在冲突的成本。

在自由高中项目中，我们利用已有的施工经验确定解决冲突报告每个冲突需要的成本。

在冲突报告的第一页，通过计算得到在变更单和冲突领域能够节约大概172000美元。假设在报告的剩余部分继续保持这一趋势，那么在冲突和潜在变更单领域总共能够节约145万美元，绩效（KPI）不错，如图7.9所示。

（注意：出于计算KPI的目的，对变更单和冲突两个关键过程领域进行了合并。）

延期

“开放日延期天数”KPI能够随着项目的完成用实际结果进行计算，或者在特定时间节点上计算节约的天数。例如，我们能够在施工5个月的时间节点上对KPI进行考评。

在自由高中项目中，我们在施工满5个月时间节点上计算KPI。我们假设到这一时间节点总共减少六天延期。但根据我们的衡量基准，我们预期到这一时间节点应该减少8天延期。因此，KPI没有达到预期要求，如图7.11所示。

KPI描述	基准节约	实际节约	KPI
BIM所减少的延期成本（美元）	160000	120000	75%

图7.11 KPI 2

可能还有其他因素影响此项KPI不能达标，但这个发现能让项目团队知道延期已是影响他们绩效的最关键领域，他们需要为此寻找改进方法。

知识库

业主建立的项目评价基准和所作的项目投资回报分析能在今后类似项目的规划和招标过程中加以利用。将这些数据制成表格存储到知识库中十分必要，业主和项目团队通过访问这

* 原书误为1600美元。——译者注
** 原书误为132000美元。——译者注

些数据就能对项目的预期风险和可节省成本一目了然。

参考知识库数据，即根据项目类型汇总的 ROI 指标，业主能够用更高标准引领投标企业增强竞争实力。有了前面的例子，当另一个高中校园项目出现时，业主在掌握前一项目信息的基础上对内在风险了如指掌，就可以消减不可预见费，并把使用 BIM 作为中标条件，以此降低建造成本。目前已有近 50% 的业主正在采用这种方法 [1]。 196

以下是一个知识库条目示例，由按项目类型分组总共 16 个项目的 ROI 列表构成。

通过对项目建立基准并分类进行 ROI 分析，项目利益相关者能够更好地与业主的 BIM 目标保持一致。在施工过程中，可将这些基准应用于 KPI 考核团队绩效。在施工完成后，可利用 BIM 流程生成的报告量化处理每一冲突、每一信息请求等差错产生的潜在成本。施工前期的 ROI 基准应与这些量化报告进行比较从而计算出真实的用“硬钱成本”衡量的 ROI。

总的来说，明智的业主会将 BIM 投资当作是从预留给项目的不可预见费中提取的一部分费用。提前进行风险管控不仅能从 BIM 流程中获益，还能从 BIM 流程的副产品中获益。举例来说，用于生成差错日志的可施工性审查模型可更新为深化设计模型用于工种协同（图 7.12），随后可在项目结束时进行更新作为竣工模型交给业主，并最终生成设施管理模型。

197

a

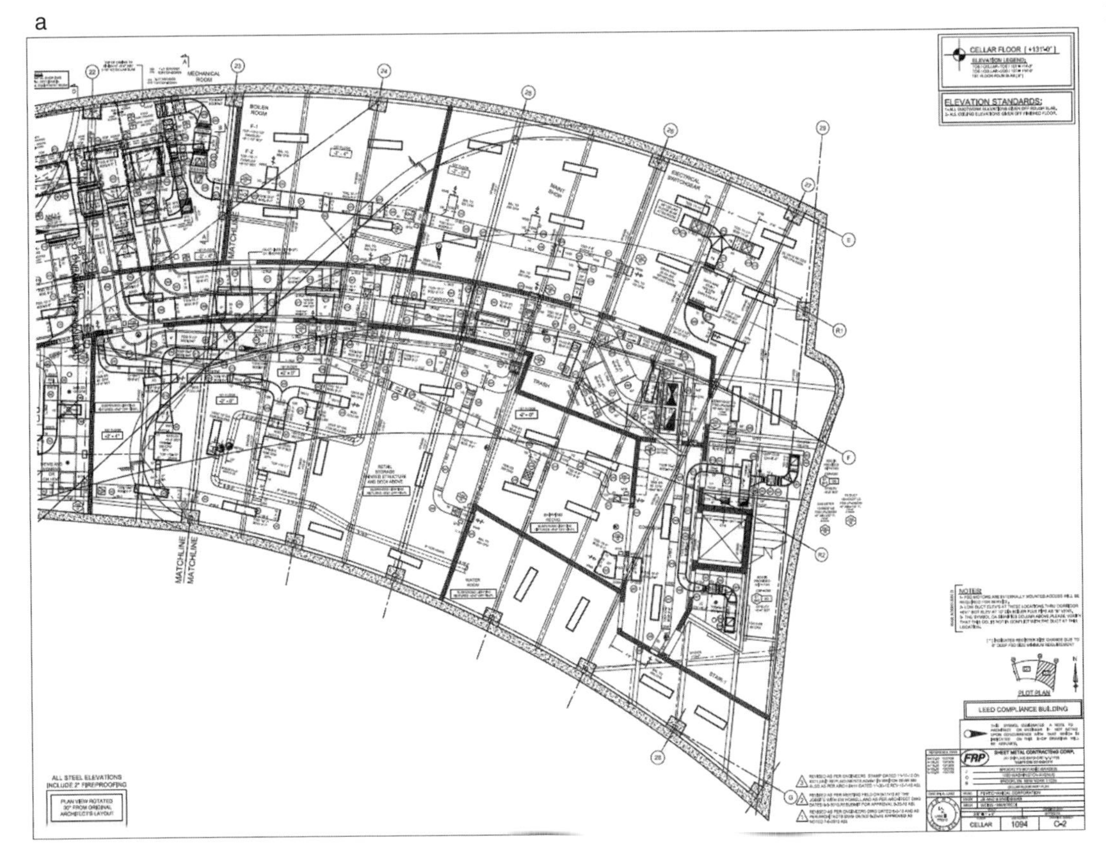

图 7.12 将深化设计模型用于工种协同

198 b

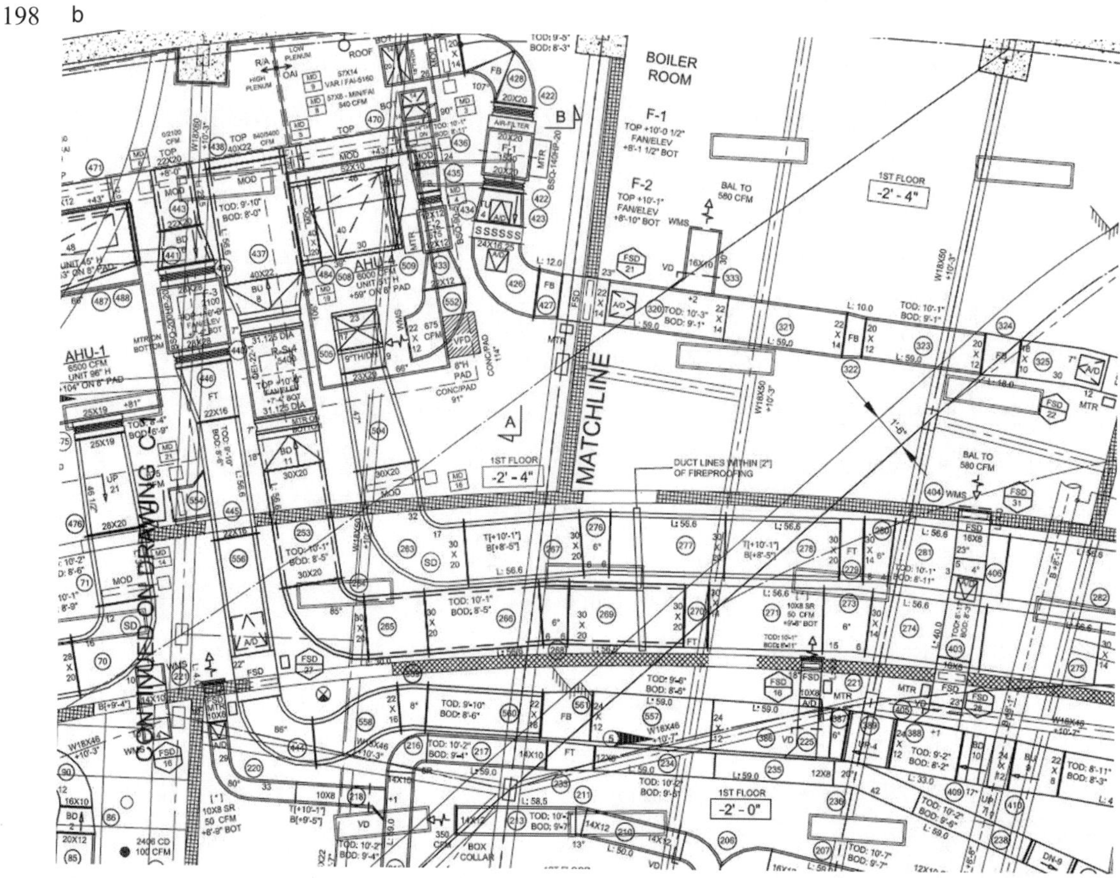

图 7.12 将深化设计模型用于工种协同（续）

业主 BIM 应用研究

不管业主已经实施了 BIM 还是处于 BIM 应用的初始阶段，新的 BIM 软件、工具和应用方法总是层出不穷。因此，业主需要为利益相关者建立一个可以持续不断地开展研究工作、总结研究成果和发布信息的平台。此外，出于改进流程的目的在业主企业内部开展研究工作是十分必要的。很多业主公司内的利益相关者拥有丰富的专业知识，但缺乏对 BIM 及其他先进技术的了解。因此，研究与发布信息的流程需要全员参与并广泛听取反馈意见。这一流程通常由业主公司中的领导层（或代理人）推进。

199

BIM 的成功实施需要所有层面的利益相关者共同参与。BIM 应用的倡导者 –BIM 冠军，应当将利益相关者视为顾客。BIM 的实施是为了提高利益相关者的工作效率，并为企业带来利益。拥有以顾客为导向的态度能够发掘 BIM 的真实需求。这要求主动倾听顾客的“声音”。顾客意见将为制定切实可行的企业 BIM 策略提供重要依据。

既然我们将所有利益相关者视为一个用户群体，那么有必要将不同用户分为不同角色。

用户角色依据用户的工作性质、工作角色、技术能力以及权限大小划分。用户的工作角色很容易界定，如运维、财务、施工等。大多数成熟的业主企业在职位描述、组织架构图以及职位头衔中对这些工作角色进行了说明。可参照这些工作角色所做的工作预测其在 BIM 应用中应该扮演什么角色。

定义角色时，在技术层面需要考虑计算机能力和专业领域知识。当然，首要的是专业领域知识，其次才是计算机能力。专业领域知识是基于经验而不是基于课堂的。可将 BIM 流程、方法论和软件应用作为专业领域知识进行教授。BIM 实践过程中，一直对 BIM 用户与 BIM 创建者的含义存在争议。行业内有种观点认为每个人都应该成为 BIM 创建者或 BIM 专家。我的观点是 BIM 非常像电子表格软件。在最近的一次 BIM 会议上，我问与会者是否知道 excel，每个人都举了手。然后我问谁愿意上前来展示如何创建一个数据透视表并将其通过 ODBC 与数据库相连，除了我的一个同事以外（他正想要炫耀一下），房间中其他举起的手都放下了。其实 BIM 用户不一定都是 BIM 创建者，他们也不必一定是 BIM 专家。有些用户的工作角色并不要求他们一定是 BIM 创建者或 BIM 专家。另一个经常用到的例子是，万维网可用于购物并不意味着每个顾客 200 都需要了解电子商务网站是如何建立的以及数据库的结构是什么样的。BIM 的三维可视化特性为用户提供了一种界面，每个人都可以像使用网页浏览器一样使用 BIM 技术。

举例来说，你希望由谁帮你报税：是了解税收法则的注册会计师还是对税收法则一知半解但是知道如何使用报税软件的人？

当下的情况是，一旦业主参与到 BIM 流程之中，BIM 实施就会顺利进行。所以不要因组织内存在技术精英而感到气馁，BIM 正在被不了解如何设计或建造建筑的人员所推动。

权限设置规定了用户是否具有查看、编辑或者修改 BIM 模型信息的权力。这与安全权限类似，但需依据用户工作性质和技术能力授权。用户权限的使用还应当有流程支持。如果用户要添加或修改信息，那么就需要发起数据修改的审批流程。许多组织缺乏权限管理流程，文档管理十分混乱。权限授予并不受公司规章制度或政策（例如萨班斯 – 奥克斯利法案）影响，有些用户比其他用户更为重要，就可获得比其他用户更多的权力。

有些公司对角色这一概念没能很好理解。角色的定义不应依赖于企业组织架构图、岗位描述和具体的个人。定义用户角色需要花费时间，但是非常值得的。在 BIM 应用早期确定用户角色有助于听到客户建议。换句话说，如果没有确定谁是客户，就不可能听到客户的声音。 201 定义角色的初稿可能是一个很长的列表，原因在于此时关注的是人，而不是角色。接下来，根据共性对已有角色分组将减少角色数量。终稿完成后，应发给用户征求意见并获得最终反馈。在没弄清“角色”和“人”两个概念差异之前，用户会很困惑，例如财务部的 Steve 无法理解为何他跟维护部门的 Becky 拥有相同的用户角色。

在完成用户角色定义后，每个用户都需要有一个代表，通常来说这个代表在大多数公司中都是不言自明的。这些用户代表组织起来可以成立委员会、团队、专题组等，可根据每个公司的具体情况开展工作，但用户代表应当能够代表所有角色。

BIM冠军

任命BIM冠军是一项具有挑战性的工作。作为用户代表和企业管理层之间的主要联系纽带，BIM冠军的职责是制定能够同时满足管理层目标和用户群体需求的企业计划。理想的BIM冠军应该十分清楚企业管理层的愿景，具有与用户群体有效合作的热情与动力，具备高效的书面和口头表达能力，并能关注细节。另外，BIM冠军还必须能以开放的心态和认真负责的精神与他人愉快合作。正因为需要满足以上这些条件,找到一个合适的BIM冠军不太容易。一方面，假设企业中真有这么一个人，但其能否转岗担起推动BIM应用的职责具有不确定性。另一方面，BIM冠军候选人可能在其目前的岗位表现出色，但要说明其能胜任BIM冠军岗位还要拿出令人信服的理由。这一选拔过程需要管理层和员工之间保持沟通。通过尝试建立基于流程改进的预期ROI模型，管理层可以找出谁是BIM冠军合适人选的充足理由。

202

BIM冠军的一项主要工作就是采集顾客意见。这些意见对市场和技术分析很有价值，具体应用将在本章后面部分描述。挑选好BIM冠军之后，就可启动收集客户意见流程。收集顾客需求有两个好处。第一，BIM冠军能够听亲耳聆听用户需求。第二，为用户群体提供了学习BIM和增强应用BIM兴趣的平台。BIM冠军有时会遭遇来自用户群体的阻力,因为他们“没有时间”，应对这种情况需要BIM冠军提前做好心里准备。

研究方法

为了采集客户意见、从用户中获取信息和经验，可以采取以下方法。

*进行市场调查*并编写与业主企业相仿企业的BIM应用情况以及反应行业发展趋势的白皮书是一个很好的起点。很多信息能够在网上找到，如软件供应商和行业协会的网站上就有许多有用信息。虽然调查各种软件需要花费大量时间，但这个过程是非常必要的。尽管软件市场存在明确的主流软件，但根据企业具体需求选择更有针对性的软件是明智之举。可在将相关软件信息列入产品矩阵的同时生成优势/劣势矩阵。大多数软件供应商和咨询公司已经发布了白皮书、webinars（在线研讨会）以及常见问题解答（FAQ）网页。请注意这些信息是由供应商的市场部门发布的，可能存在夸大的地方。

*对用户群体进行调查*有益于深入了解当前BIM应用的兴趣点、实施中的挑战和使用的技术等企业BIM应用情况。设计一个富有成效的调查问卷需要花费很多时间，但分发调查问卷可以通过电子邮件和基于网络的调查系统轻松完成。制定调查问卷方案对BIM冠军是一个挑战。此外，在将调查问卷分发给用户之前需要不断地对同事进行调查测试。要尽量避免在发

出 100 份调查问卷后仍然存在问题毫无意义或答案可能模棱两可的情况，因为这会在用户群体中失去信任。

以下是一个调查问卷示例。

调查问卷示例

203

A. 您的设施维护是外包出去了还是内部自主管理?

B. 请标记您采用什么方式进行设备的运营和维护：

☐ 预防性维护

☐ 预测性维护、主动维护

☐ 应急维护

C. 规划事件：

1. 如果您想要制定润滑减震器维护任务：
   a. 您如何设置调节或润滑减震器的频率：D,W,M,A ?
   b. 您是否记录或维护设备运行数据以帮助将来实现预测性维护? 如果答案是肯定的，那么您如何记录这些信息?
2. 您如何追踪预防性维护? 例如：更换过滤器：
   a. 谁创建工作单及追踪需要维护的设备?
   b. 谁来分配资源并确定更换过滤器的时间和更换间隔时间?
   c. 您如何知道安装的过滤器是正确的? 您是否拥有验证手册?
   d. 过滤器是否需要购买? 如果需要的话，谁来批准采购订单?
   e. 谁来完成这项工作?
   f. 您如何在工单历史记录中记下这一信息?
   g. 您下一步将做什么?
3. 您如何管理新员工的工作空间配置?
   a. 您如何根据员工等级追踪和分配 FFE(家具、摆设和设备)?
   b.您如何确定哪个工位或哪个房间与哪个网络相连? 是否在分派新员工前每个工位的数据线、电源线和电话线都已配置完毕?
4. 如果您计划对二层办公室空间进行改造或扩展：
   a. 您是否有所有最新更新的图纸?
   b.您如何确定顶棚以上、楼板以下所有机械、电气和给水排水系统（MEP）的管道位置?

   204

   c.您是否将所有技术规范、保修信息、服务合同、备用零件、购买日期及预期寿命数据进行汇总以供应急管理之用?

5. 您所在组织是否存在分布式工作安排（DWA）?

□ 是

□ 否

如果您的答案为是，那么请回答以下问题：

a. 您是否为在远程工作的雇员提供家具及其他资产?

b. 您如何追踪分配给这些雇员的资产? 您是否知道目前拥有多少桌椅?

c. 如果资产需要维护，您如何制定资产维护计划?

6. 您是否追踪能源消耗并进行能源基准测试?

□ 是

□ 否

a. 谁来制定能源消耗预算?

b. 谁每个月支付能源账单? 这一信息如何传给设施管理团队?

c. 如果您发现账单数额不断增加，您会采取什么措施? 请标记出您可能采取的步骤：

□ 执行基准测试发现您的账单费用与基准相比高出多少。您是否具有执行基准测试所需的所有数据?

□ 检测所有安装设备及其能耗。如果采取这一做法的话应该如何操作?

□ 维护设备并检查性能。如果这样的话是否对所有设备进行检查?

□ 检查建筑保温情况。

□ 通过减少负荷最小化能源消耗。

7. 您如何制定设施运维预算? 请提及每个步骤所涉及的人员及流程：

a. 建立设施预算目标。

b. 获取并分析数据。

c. 分析并解读数据。

205

d. 创建并测试备选方案。

e. 制订战略计划和预算。

D. 意外事件：

1. 您如何管理应急维护?

a. 雇员抱怨办公室太热或太冷：

i. 如何安排工单?

ii. 谁接收任务?

iii. 谁分配资源：时间、资金和人员?

iv. 需要多少周转时间?

b. 行政办公室的灯泡烧了需要进行更换：

i. 如何安排工单?

ii. 谁接收任务?

iii. 谁分配资源：时间、资金和人员?

iv. 房间命名是否与数据库数据符合：房间号、楼层?

2. 您如何管理计划外的空间占用或空置?

a. 如果允许 DWA，所有在不同工作场所工作的雇员有一天同时出现，但没有足够的轮用办公空间，您将如何管理并分配空间?

3. 当把一个常规职员房间改为安全性较高的房间时，您如何管理房间配置：

a. 跟踪门锁类型。

b. 部署新的安保系统：凭密码出入。

4. 假设在一个长周末中出现了喷泉漏水问题。您休假回来后发现工作台附近出现了积水。

a. 您如何处理以下任务：

i. 您是否具有排水预案，其中包括进行维修或更换的所有信息?

ii. 您是否可以查询到制造商及保修信息?

iii. 喷泉是否还在保修期内? 如果是的话，是谁在哪天安装的?

iv. 如果保修已经过期，那么更换成本是多少? 这一成本是否已经编入年度设施预算?

b. 吊顶板材、格栅、墙面装饰、保温和地毯：

206

i. 您安装的是哪种吊顶板?

ii. 您是否具有所有色码以及制造商信息和保修证? 您是否知道更换成本?

iii. 由于泄漏问题您需要更换支撑天花板的生锈肋条。您是否能协调内部资源解决这一问题?

iv. 您是否有与安装吊顶板承包商签订的合同?

c. 在应对这一情况时，您如何将所有人员搬离那一区域，并为其分配新的工作空间?

i. 您是否知道仓库中有多少备用的椅子?

E. 您遇到的最大的设施维护挑战是什么? 请对您的答案进行解释并举例。

☐ 维持设施预算

☐ 资产维护和管理

☐ 灾难管理规划、应急预案

☐ 其他

*研讨会和培训班*是一种在限定时间内汇集用户信息的有效方式。这些会议可由 BIM 冠军主办，但根据我的经验，由第三方主办效果更好。这个第三方可以是顾问或内部未参与 BIM 规划但拥有项目指导经验的企业员工。举办研讨会的最大挑战在于维持协作环境不让议题跑偏。制定一些基本规则是一个很好的开始。简单的规则可以包括遵守议程，一人发言时别人不要打断，禁止使用电话、电脑（除非有人在记录），以及安排几次休息时间，并保证人员休息结束按时回来。可让会议协调员发挥作用，让研讨会顺利进行。

对使用现有系统所产生的问题制定列表是一种可行的方式，系统能够通过审阅工作单记录、RFI 报告、维护预算等的方式来进行开发。

*用户访谈*很有必要且具有挑战性。开展这项工作需要花费 BIM 冠军和用户许多时间。我的经验是这些工作应安排列为较低的优先级，因为用户有时有更紧急的工作需要处理，经常出现访谈时间一变再变的情况。没必要对每个用户都进行访谈，可在研讨会、培训班和收回调查问卷之后用一对一的方式进行随访。

207

在工作日的白天对用户进行*追踪调研*是一种让 BIM 冠军“体验用户日常工作”的好方法。之所以选择白天，是为了让 BIM 冠军能够尽可能多地收集到与用户打交道的人员、流程和平台信息，这是其他时间收集不到的。在工作日，如果用户拥有 BIM 数据，工作会很有成效，他们会乐意讨论 BIM 技术和展示 BIM 能够带来的益处。根据我的经验，这可能是 BIM 冠军最高兴和时间有效利用率最高的时候。BIM 冠军通常会在几天之后接到用户电话。这时，用户已经开始发展自己的理念，并想与 BIM 冠军讨论问题。

信息汇总

从用户群中收集的信息量非常庞大。对收集的信息归纳汇总并用一种容易理解的格式表述需要花费大量精力。信息归纳汇总之后需要用户行进一步确认。信息可采用以下格式组织：

- 执行摘要
- BIM 使命
- BIM 愿景
- BIM 目标（高价值目标）
- 用户角色定义
- 用户
- 研究方法
- 用例
- 业务规则（内部及外部）

- 约束条件
- 数据标准
- 质量定义

*执行摘要*对哪些与用户没有直接接触的人来说十分有用。同时，用户也希望接受的信息能够简而言之，尤其那些压根儿挤不出时间的人更是如此。 208

*BIM 使命*建立在用户反馈的基础上，并吸纳了企业管理层的想法。使命应当不多于几句话，并且应当在“高水准”与真实的实用性之间找到平衡。以下为一些示例：

“到 2012 年前将施工进度提高 10%。”

“到 2013 年前将维护费用减少 20%。”

“创造灵活的工作环境以提高新设施中员工的生产力。”

“每月向投资人汇报投资项目情况，提升透明度。”

在我的职业生涯中我不得不创作 20 多份使命陈述，我可以说写好使命陈述不太容易。使命陈述对于改进公司当前状态和近期业务目标十分关键。

*BIM 愿景*是从长远的观点审视企业。BIM 愿景的时间框架是 3~5 年。一些例子可能包括以下内容：

“BIM 会成为我们管理所有设施的平台。”

“组织中的每个人都将能够使用 BIM。”

愿景为企业的未来设定了基调，并为员工描述了其在组织内的职业发展前景。与使命相同，愿景需要吸纳企业管理层的观点。

*BIM 目标*应该包括三个（通常）到五个近期的明确目标。BIM 目标将成为 BIM 规划的概念验证（POC）。BIM 目标确定之后，就需要制定实现目标的 BIM 策略和实施方案。BIM 依据实施方案执行，获得的结果要与目标进行比对。POC 能使 BIM 冠军和用户在熟悉的企业项目中亲身体验 BIM 应用，进一步认识 BIM 带来的机遇及其局限性。将这些知识应用到企业 BIM 规划中能够减少风险和进一步精炼用户需求。以下是一些非常好的 BIM 目标： 209

“在市高中项目中，在选择总承包商之前完成 MEP 系统协同”

“在对阿斯托里亚的沃利零售店招标前发现大多数潜在变更单”

“创建维护人员能够使用的设施管理模型”

应对*用户角色*进行定义。这些角色是通过调研确立的。用户了解角色定义有助于避免角色与人的概念混淆。示例包括：

- 暖通空调模型创建者
- 暖通空调数据管理员
- 暖通空调维护经理
- BIM构件经理

在调查中所使用的*研究方法*十分重要。好的方法可让用户了解调查结论产生的背景，提高用户参与BIM实践的积极性。

*用例*是企业应用BIM的场景，是某个特定用户为完成某项任务所执行的具体操作。大部分用例可由研讨班用户提供或通过追踪获得。设计一个符合当前实际情况的用例，然后假设应用BIM后会变成什么样子,可让用户了解BIM的具体用途。作为例子,让我们看一下*更换灯泡*用例。

210

当前情况

1. Steve通过电话从会计部门收到了更换一个灯泡的请求。

2. Steve穿过校园走向会计部门。

3. Steve与请求者见面，并让其指出是哪个灯具有问题。

4. Steve意识到更换灯泡需要使用到梯子，此外还需要进行地面防护。另外他不确定需要更换灯泡的类型。

5. Steve回到他的办公室安排维护工人、梯子及地面保护事宜。

6. 安排好之后，维护工人打电话告诉Steve他需要预定一种特定型号的灯泡。

7. Steve预定了灯泡，并在收到后重新制定了更换计划。

这是一位业主为我们提供的真实用例。

未来情况

1. Steve通过电话从会计部门收到了更换一个灯泡的请求。在通话中，他打开了会计部门所在的BIM文件。他问来电者地点在哪，确认了是Suzy工位旁边的灯具。

2. Steve在BIM中进行了快速测量，并意识到他需要一部梯子。他点击了地面发现地面需要保护，然后他点击灯具并查看了灯泡类型，库存中没有这种灯泡，因此他需要预定。

3. 在收到灯泡后，Steve安排梯子、地面保护和维护工人等相关事项进行灯泡更换。

这些用例能让用户看到他们目前的工作方式以及改进后的工作方式的区别。以文档形式提供这些用例，方便用户反馈意见和验证未来工作场景的可能性。虽然上面是一个简单用例，但也可能引发议论："如果日常需要花费这么多精力更换一个灯泡，而BIM能够简化此类工作，那么对更重要的维护BIM应用效果怎样呢？"

在更为复杂的业主企业，可用例图清晰描述复杂工作流程。 211

*业务规则*规定企业内部业务和对外业务的审批流程。在大多数业主企业中，这些流程主要用在采购、设计变更、产品交付批准等过程中。在某些情况下，可能需要遵守类似萨班斯－奥克斯利法案的外部准则。举例来说，在设计变更请求的情况下，业主可能会批准请求，但要由工程师做出变更并交付。业主没有权利进行工程设计更改，因为这需要注册工程师盖章。

*约束条件*是企业当前及未来的现实情况。我通常用本书前文探讨过的 3Ps（人员、流程、平台）对约束条件进行分类。企业人员所需的技术水平可能是一个约束条件。举例来说，可能我们的维护部门甚至不知道如何使用计算机。就流程而言，改变现有制度化流程的能力可能是一种约束。平台方面的例子可能是 BIM 对计算机系统的要求超过现有台式机配置，也就是“维护部门的计算机配置太低无法支持 BIM 软件运行”。

*数据标准*在之前的第 3 章中已进行过探讨。将数据标准包含在文档中是为了让用户了解标准并检验标准的有效性。在某些情况下，当数据标准整合在软件中可直接使用时，用户会迅速提供反馈。举例来说，如果软件用的是 UNIFORMAT 标准（图 7.13），而施工部门预算系统采用的是 MasterFormat 标准，施工部门的用户代表会针对冲突提出意见。

数据*质量*的好坏不应只凭主观判断。确定 BIM 流程的质量目标非常重要，但经常会被忽视。通常的观点是“如果 BIM 看起来是正确的，那么它就是正确的。”很少有人进行数据审查和数据验证。用户会用主观的（简单的，易行的，可靠的）或过度的形容词（每个，所有，任何）描述质量属性。应当制定能够用人类逻辑或系统逻辑进行验证的质量目标。举例来说，BIM 可能会包括建筑产品安装日期字段，模型检查程序会检查安装日期字段是否有值。图 7.14 是一个例行模型检查界面。

212

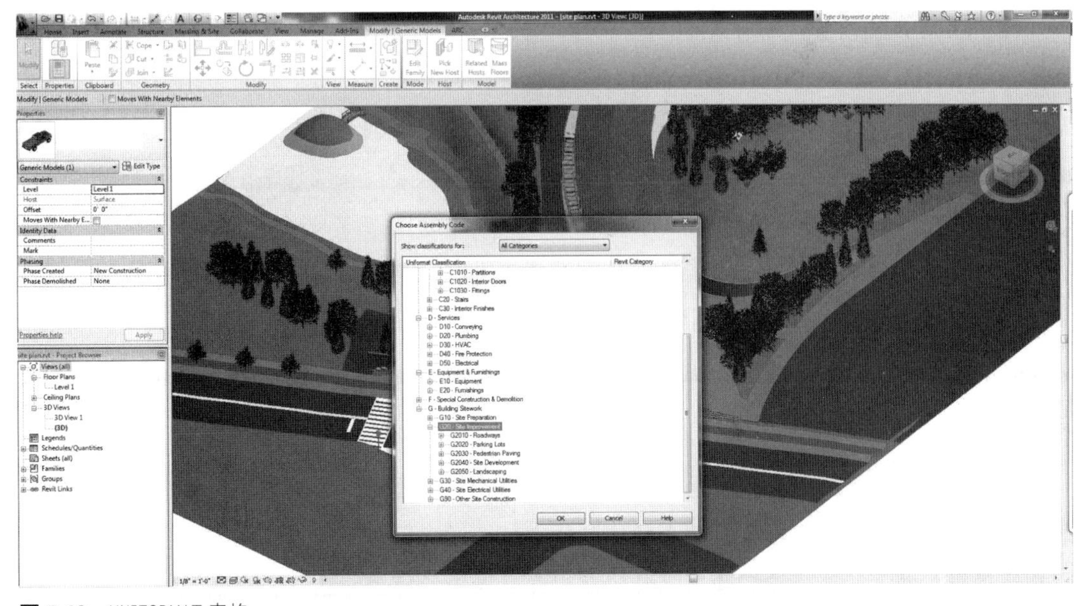

图 7.13 UNIFORMAT 表格

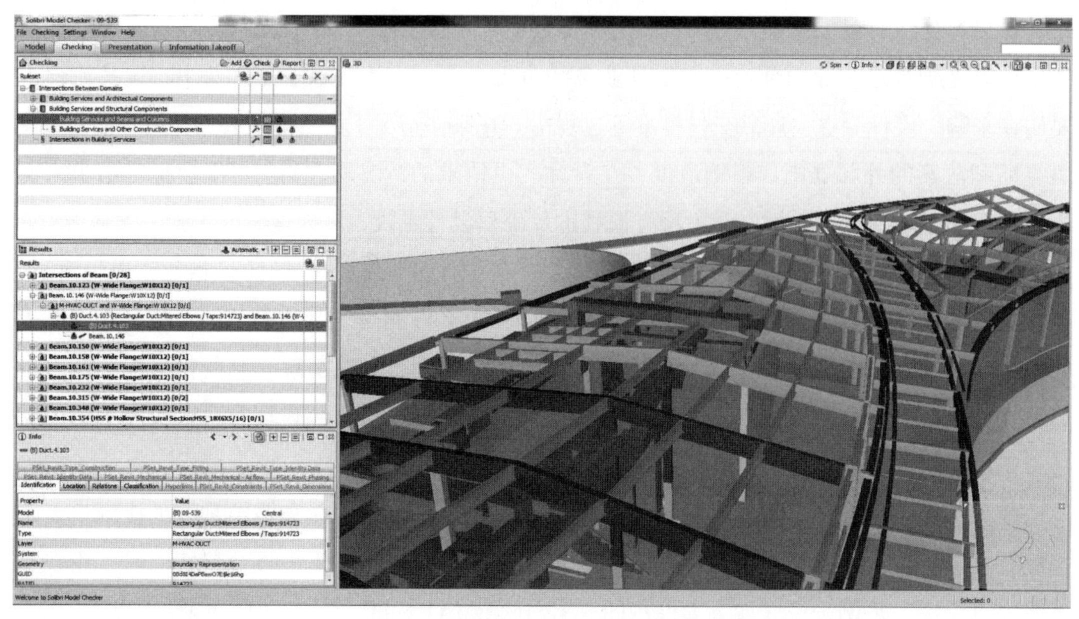

图 7.14 例行模型检查

213 发现和结论

发现和结论的发布需要特别注意。BIM 冠军必须将其所做工作与包括 AEC 生态系统在内的所有利益相关者进行沟通。任何形式的变革都是对很多个体挑战的过程，通常会让他们产生负面情绪。了解与理解是保证以积极的态度对待变更的基础。BIM 冠军是变革的代理人，沟通是可用的最为有效的工具。尽管到目前为止 BIM 冠军的工作范围十分广泛，但某些情况下发现和结论的发布可以占到其所有工作的 30%。这项工作需要大量投入的原因在于不同个体的学习方式不同。为了使这些知识在企业中根深蒂固，必须针对不同对象以不种方式沟通发现和结论。通常来说，个体可以分为视频、文本或语言三种学习者类型。进一步，还应根据有多少时间学习和能保持多长时间注意力将个体加以区分。发现和结论的发布需要敏锐地观察到在利益相关者中存在多种学习者类型。

发现是研究和从调研过程中推导出数据的清晰总结。结论是对这些发现的一种解释，以总结的形式描述，同时要特别说明取得的积极成果和存在的改进机会。

典型案例

我作为管理顾问的第一次经历是在一家电信咨询业务公司作为内部员工开展工作。我的职责是评估、审查潜在的收购候选企业，利用内部资源来评估可行性，然后将我的发现提交给执行领导。然后，执行领导会将这些机遇提交给董事会审批。这一流程在大约十五天内完成。收购需要考虑的关键要素（除了财务指标以外）是收购的产品与我们目前的产品链是否具有互补性或附加性，这需要创建一个战略规划和定位说明。由于使用内部资源评估这些公司，业务单位领导人能够在流程早期了解这些信息。因此，每次收购都使这些领导人处于防守态势和产生负面情绪。他们害怕收购新公司后他们的角色会发生改变，新公司的产品比自己的产品更好，新公司的管理更为优越等等，他们首先会想到这些问题。因此，每当临近收购，我不得不和很多利益相关者解释策略与定位。这是我第一次体验到不同类型的学习者有不同的需求。 214

- CFO 需要大量的数据和细节，最好用电子表格。
- 市场部负责人需要大量文本形式的文件（格式十分重要）。
- 首席运营官（COO）需要不多于五页的 PPT 总结（他的立场是如果不能在五页内表达清楚，那么对于评估的思考就还不够充分）。
- CEO 需要书面报告和面对面的口头报告，不仅是为了让他了解情况，还为了激发他将方案呈报给董事会的热情。
- 业务单位领导需要召开几次白板会议讨论整合及组织架构细节。

章节要点总结

- 业主在任何项目的 BIM 流程中都扮演着十分关键的角色。
- 如果业主没有参与到 BIM 流程中，对项目的进度与成本控制都是不利的。
- 信息请求是由于施工文件的错误和疏漏造成的。
- 在使用 BIM 时，虚拟施工团队会在计算机上模拟真实的施工流程并找出无法进行虚拟建造的问题。
- 差错日志是提前发现的有可能在施工流程中出现的错误和疏漏列表。
- 变更单是从原来的合同工作范围中增加或删除的工作内容，它改变了原来的工程量及完成日期。
- 系统冲突描述了施工文件中多个系统或专业占据相同物理位置的情况。
- 发现冲突是 BIM 技术最基本但最有价值的应用。 215
- 由于对进度计划管理不当而导致的进度延期明显会对对施工预算造成不利影响。
- 项目开始前，预期风险可用不可预见费加以量化。
- KPI 通常被用于评估团队绩效或评估团队参与某一特定活动的绩效。
- 计算处理信息请求实际成本的通用方法是通过查看 BIM 团队提交的差错日志分派改正每一差错所需的小时数。

第 8 章

217

总结

建筑信息建模（BIM）是目前建筑行业唯一的最具变革性技术。所有业主都憧憬通过 BIM 获取收益和更好的机会，但行业在推广 BIM 应用中遇到了前所未有的挑战和障碍。BIM 应用的高比例失败率表明用传统规则实施 BIM 从来没有成功过。一个主流的传统规则是 BIM 和计算机辅助技术（CAD）一样应该归 IT 部门统筹，事实上正是这个规则导致了大量的 BIM 失败案例。BIM 是业主驱动供应商群体和整个行业变革的优质催化剂。很多业主相信由设计师、工程师、总承包商、分包商构成的供应商群体拥有丰富的 BIM 应用经验并正在项目中发挥他们的专长，但事实上只有极少数供应商拥有 BIM 经验，大多数供应商还处于从实战中学习阶段。“投资回报”中的回报取决于企业在 BIM 实施过程中创造的信息。BIM 是业主开发、建造建筑项目的变革性手段。尽管 BIM 实施具有难度，但其应用势不可挡，服务业主的供应商应用 BIM 势在必行。与业主不同，供应商在实施 BIM 过程中并没有什么大的损失和收益。业主与供应商的关系与旅行社与顾客的关系好有一比，旅行社手头掌握大量数据，但只会用这些数据为自己谋取利益，而不会为消费者牟利。如果互联网技术能使这些数据透明，能让消费者访问，游戏规则将会改变。数据和技术能为消费者制定符合自己利益的决策提供支撑。

218

出于自我保护的本能，大多数 AEC 团体惧怕 BIM 的威力。少数应用 BIM 的企业已经认识到改变商业模式至关重要，不管是主动改变还是被动改变都必须改变。许多建筑事务所纠结于如何转变商业模式和怎样认识他们创造的价值。大部分建筑事务所认为自己的职责是创建施工文档，除此以外的建筑事务所认为自己承担了业主顾问的角色，应基于施工费用的百分比取费，很少有人关注应用 BIM 的风险与收益，更没人关注应用 BIM 的投资回报。存在两种类型的服务模式，一种是合同工模式，一种是基于价值模式。大部分建筑事务所和工程事务所将自身列入提供基于价值服务的行列，但是他们的收费结构和业务模型不支持这种定位。他们仍然非常计较工时收费和工时用量。BIM 给业主带来的透明度和生产效率的提升驱动 AEC 行业从合同工模式向基于价值模式转变。如同许多服务行业那样，AEC 行业的盈利与否与员工能力直接相关。应用 BIM 后不仅使生产时间减少到之前的 1/10，也逐步减小了员工对企业收益的影响力。在软件行业中，提供基于价值服务的公司一定会投资专有技术和流程的研发，依赖个人技能创造价值的机会在减少而依赖融入个人技能的软件系统创造价值的机会在增加。一个系统能赚多少钱取决于它为客户带来多少价值。让一个客户为一个系统投资买单是不现实的，理想状况是一个系统卖给多个客户。反对的声音表示，每个项目和客户各不相同，一个系统难以满足各种需求。但真正有经验的专业人士能够看到共性及用一个系统满足不同项目、客户需求的可行性。基于价值的模式提供了收益和利润的可扩展性，服务创造的价值越大，客户支付的越多。这种转变需要专业服务公司摒弃以往用员工数量评估公司业务能力的做法。当建筑事务所的 CEO 被问起公司规模时，传统回答往往是有多少人。实际上，人均创收在 25~100 万美元之间变动并不相等。业主想要价值而不是合同工人数。专业服务公司应该把他们的服务模式转变为基于价值模式。

219

总承包商应该知道业主才是创造价值的驱动者。BIM 和其他先进技术带来的信息透明导致承包商价格的公开化。这其中，人力成本占到工程造价的很大一部分，材料成本和材料浪费所占比例更高。BIM 可以持续地减少浪费，这些省下的费用应最终返给业主。目前，这部分节省下来的费用被承包商截留用于支持 BIM 和其他技术应用。BIM 可以在几乎不增加预算的情况下使建筑行业实现从准确到精确的升级。总承包商将成为采购专家和集团采购商（凭借购买力和购买支出）。本质上，市面上的投标管理软件仅仅是面向施工的采购工具，而施工管理软件主要对合同的管理与监管。随着分包商继续朝着设计－建造一体化业务模式迈进，他们的知识水平和 BIM 应用水平不断提升，在许多项目实践中都脱颖而出。新的业务模式正推动分包商从设计－建造模式向设计－建造－运维模式转变。这是利用知识与资产创收的有效方法，即使没有新建项目开工，每年的维护费用也是一笔可观收入。甚至在建筑业不景气的情况下，维护收入也是稳定的，在某些情况下还可能是增加的，因为维护现存系统比替换系统划算，业主舍得投入。有些总承包商正在承担运维外包工作，负责建筑全方位的维护，包括景观和门卫。这种建筑全生命期管理模式意味着承包商可以从建造易于运维的建筑中获益。

220

建筑产品制造商经历了多轮变革，包括流水线生产和供应链管理的升级。制造商的业务流程往往非常复杂，给承包商系统与制造商系统整合带来难度。承包商应用 BIM 技术能提供更有效的接口可使情况有所改善。BIM 能够辅助生成可配置建筑系统，把在工厂组装好的构件运到工地，进而优化供应链实现施工现场零库存。设计阶段使用 BIM 可以优化预制构件减少标准构件数量。此外，对安装人员的经验需求将持续降低，经验较少的人员也可高效工作。

使用基于配置的按需制造方法，制造商减少了浪费，可确保在通货膨胀的大环境下保持产品价格稳定，甚至降低价格。减少浪费对每个人都有益，特别是对顾客（业主）。

业主是行业内唯一最有效的变革代理人。为了推动有效的变革，业主必须掌握相应的知识，要有批判性的质疑能力而没有必要成为专家。在建造过程收集和分析数据用于决策支持的好处不言自明。仅仅依靠少数专家意见作出的决策很少取得满意效果，特别是与专家没有一致利益时效果更差。医疗保健行业有专门提供管理服务的公司，收费不菲。他们提供的服务不是按时计费而是根据成功率计费。本质上，他们挣的钱来自为医院省下费用的分成。他们与业主有共同的兴趣和利益。

注释

第 1 章

1. David G. Cotts, Kathy O. Roper, and P. Richard Payant, *The Facility Management Handbook*, 3rd ed. (USA: AMACOM, 2010), 56.

2. Adrian Gostick and Chester Elton, *The Orange Revolution* (USA: Free Press, 2010), 5.

第 2 章

1. Eliminating Waste in Estimating: Quantity Survey and Payment for Estimating Procedure Recommended to Owners and Investors, Architects, Engineers and Contractors, Approved and Adopted by The American Institute of Architects, The American Engineering Council of the Federated American Engineering Societies, and The Associated General Contractors of America, 1928.

第 3 章

1. *Encyclopedia Britannica Online*, s.v. "Thomas S. Kuhn," http://www.britannica.com/EBchecked/topic/324460/Thomas-S-Kuhn.

2. Jim Collins, Good to Great: *Why Some Companies Make the Leap . . . and Others Don't* (USA: Harper Business, 2001).

第 4 章

1.James P. Lewis, *Mastering Project Management: Applying Advanced Concepts of Systems*

Thinking, Control and Evaluation, and Resource Allocation (New York: McGraw-Hill, 1998), 111.

2. Barbara Bryson and Canan Yetmen, *The Owner's Dilemma: Driving Success and Innovation in the Design and Construction Industry* (USA: Greenway Communications, 2010).

3. Dictionary.com, http://dictionary.reference.com/browse/enterprise resource planning.

4. Steve Steinhilber, *Strategic Alliances: Three Ways to Make Them Work* (Boston: Harvard Business School Press, 2008), 6–7.

5.Ibid., 6–7.

第 5 章

1. Irving H. Buchen, "Paradigm Shift Leadership—It's Trickier Than It Appears," *Leadership Excellence* 24, no. 7 (2007): 19–20.

2. Roger Chevalier, "GAP Analysis Revisited," *Performance Improvement* 49, no. 7 (2010): 5–7.

3. Daniel H. Pink, *Drive: The Surprising Truth about What Motivates Us* (USA: Penguin, 2009), 208.

4. Y.-C. Juan and C. Ou-Jang, "Systematic Approach for the Gap Analysis of Business Processes," *International Journal of Production Research* 42, no. 7 (2004): 1325–1364.

5. Buchen, *Paradigm Shift Leadership*, 19–20.

6. Ibid., 19.

7. Norbert Young, Stephen A. Jones, Harvey M. Bernstein, and John E. Gudgel, *BIM Study* (New York: McGraw-Hill, 2009).

第 6 章

1. Larry Bossidy and Ram Charan, *Execution: The Discipline of Getting Things Done* (USA: Crown, 2002), 7.

第 7 章

1. Norbert Young, Stephen A. Jones, Harvey M. Bernstein, and John E. Gudgel, *BIM Study* (New York: McGraw-Hill, 2009).

作者简介

K·普拉莫德·雷迪（K. Pramod Reddy）

K·普拉莫德·雷迪是美国公认的施工新技术专家，也是BIM技术专家。他是一个广受欢迎的演讲者和行业顾问。目前是ARC公司（该公司收购了RCMS集团公司）负责BIM服务的副总裁。在创建RCMS集团之前，是Verso科技公司（NASDAQ）的运营副总裁兼首席信息官。在Verso公司任职期间，他参与了10多次技术公司的并购。在Verso公司工作之前，担任Cereus科技公司的首席技术官。他在1997年创建该公司，并同时担任总裁和CEO，这家公司在1999年被收购。在Cereus公司和Verso公司的任职期间，他深入参与包括软件开发和数据管理在内的技术项目。

作为土木工程师的后代，雷迪成长于一个拥有设计－建造企业（K. Pramod Reddy and Associates Pvt. Ltd.）的家庭，该企业是他父亲在美国积累丰富经验之后在印度创建的。雷迪的事业起步于在司法工程与环境项目中担任项目工程师和业务开发经理（MACTEC-AMEC）。

雷迪毕业于佐治亚理工学院，拥有土木工程学士学位。他是佐治亚理工学院的活跃校友，是AMPIRIX董事会成员、印度河企业家（TiE）导师成员、Midtown Bank & Trust咨询委员会成员，并担任多家私人公司董事。他是美国注册建筑师学会BIM工作小组成员，还是佐治亚理工学院的兼职教授。目前他和妻子以及两个儿子居住在佐治亚州的亚特兰大市。

Arol Wolford, SmartBIM的主席和CEO

基于对建筑设计和施工行业信息化技术的热情，Arol Wolford与合伙人联合创建了SmartBIM。在过去的30年里，Arol已经成为建筑信息行业的知名企业家。他在1975年创办了 Manufacturers' Survey Group，5 年以后在佐治亚州的亚特兰大市创建了 Construction Market Data（CMD）开始进入工程信息行业。

作为 CMD 公司的总裁兼 CEO，Arol 管理整个 CMD 集团，其中包括建筑出版协会、建筑师第一资源、Buildcore 产品资源、CanaData、Clark 报告、建设市场数据 (CMD)、Cordell 建筑信息服务、制造商调查协会、R.S. Means 等一系列信息资源。BIMSA/Mexico 和东南亚 Burwood 报告也是 CMD 集团的合资企业。2000 年 CMD 集团被 Cahners（现在的 Reed 施工数据）收购。Arol 一直服务于 Revit 董事会直到 Revit 被欧特克公司收购。最近十年，他一直致力于推动建筑师、工程师和承包商使用来自建筑产品制造商的智能化建筑构件。

为表彰 Arol 对建筑业的杰出贡献，1997 年，美国建筑师学会（AIA）授予 Arol 荣誉会员称号。最近，他被选为 AIA 150 委员会委员，是委员会里唯一一个没有建筑师头衔的委员。Arol 拥有加利福尼亚维斯蒙特学院生物学学位。他的妻子 Jane，是高中时的恋人，他们夫妻有两个已出嫁的女儿。

Tony McGaughey

Tony McGaughey 出生于佐治亚州亚特兰大市，1990 年在佐治亚州立大学获得历史学学士学位。Tony 在过去 12 年一直从事 AEC 的相关工作，工作内容从管理土木工程日常工作到在 BIM 服务公司管理三大洲的 BIM 生产团队。他还在多个大型医疗保健和司法项目中担任 BIM 项目经理。通过这些职业经历，Tony 在 BIM 实施和集成过程中积累了大量经验。

225

Abhilasha Jain

Abhilasha Jain 毕业于佐治亚理工学院，获得了建筑施工与设施管理集成专业的硕士学位和建筑学学士学位。她在 AEC 行业的建筑设计和设施管理领域有 5 年以上的工作经验，还担任过 BIM 经理，曾专注于在设施管理中实施 BIM。除了是 BIM 管理专家之外，她还是设施规划专家，在医疗建筑设施管理领域很有经验。

Tripp Whitley

Tripp Whitley，出生在亚特兰大，军人家庭长大，毕业于佐治亚理工学院，获得土木工程专业学士学位。在上学期间，他被授予“佐治亚理工先生”称号，至今仍以校友和捐赠者身份积极出席校园活动。Tripp 曾在 Kimley-Horn 和 Jordan Engineering 担任土木工程师，后加入欧特克公司担任销售工程师。在此期间，他对大量 AEC 客户进行了 Civil 3D 和 Revit 应用培训。2005 年加入雷迪的团队之后，Tripp 协助数百家客户实现了基于 BIM 的转型升级。作为 BIM 专家，他目前正在为迪士尼、联邦快递、Safeway 以及其他世界 500 强企业提供 BIM 技术咨询服务。

索引 *

A

B

* 词条后页码为原书页码，即中译本中的边码。

C

D

E

F

G

H

I

K

L

M

N

O

P

Q

R

S

T

U

V

W